彩图 2-6 滴灌系统

彩图 2-7 上拉式卷帘机

彩图 2-8 顶部通风口

彩图 3-1 大叶芹

彩图 3-3 大叶芹采收

彩图 3-5 蝼蛄

彩图 3-7 鸭儿芹田间栽培

彩图 3-8 蚜虫

彩图 3-6 鸭儿芹

彩图 3-9 荠菜花

彩图 3-10 荠菜果实

彩图 3-11 板叶荠菜

彩图 3-12 花叶荠菜

彩图 3-14 苋菜的花

彩图 3-15 绿苋

彩图 3-16 红苋

彩图 3-17 彩苋

彩图 3-18 苋菜田间栽培

彩图 3-19 苋菜白锈病

彩图 3-20 苋菜褐斑病

彩图 3-21 苋菜根结线虫

彩图 3-22 轮叶党参的花

彩图 3-23 轮叶党参的果实

彩图 3-24 轮叶党参的根系

彩图 3-25 轮叶党参田间栽培

彩图 3-26 蛴螬

彩图 3-27 小地老虎

彩图 3-28 紫苏田间栽培

彩图 3-30 东风菜开花
彩图 3-34 短梗五加
彩图 3-35 短梗五加开花
彩图 3-36 短梗五加果实
彩图 3-37 短梗五加田间栽培
彩图 3-39 刺蛾幼虫
彩图 3-40 刺蛾成虫

彩图 3-41 蜡蝉
彩图 3-42 大造桥虫
彩图 3-43 黄花菜花
彩图 3-44 黄花菜田间栽培
彩图 3-46 红蜘蛛
彩图 3-50 马齿苋
彩图 3-47 蕨菜

彩图 3-51 马齿苋花

彩图 3-55 刺嫩芽

彩图 3-56 刺嫩芽的温室栽培

彩图 3-58 柳蒿

彩图 3-60 甘蓝蚜

彩图 3-61 猿叶虫

彩图 3-62 白钩小卷蛾

彩图 3-63 蒲公英的叶及蒲公英冠毛

彩图 3-66 刺五加

彩图 3-69 金针虫

彩图 3-70 薄荷

棚室蔬菜栽培图解丛书

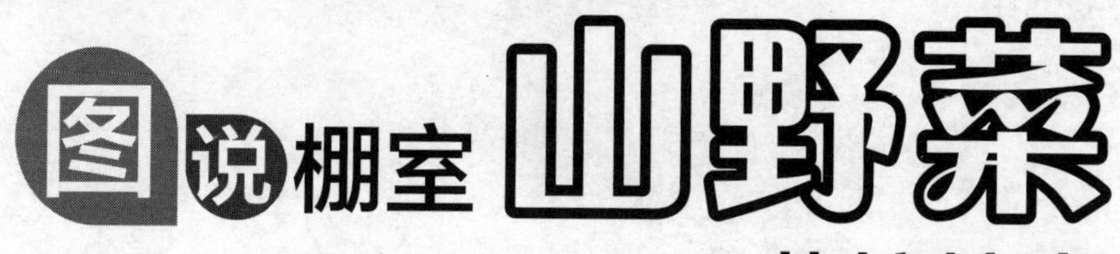

图说棚室山野菜栽培技术

TUSHUO PENGSHI SHANYECAI ZAIPEI JISHU

杨佳明 张 锐 龚 娜 主编

化学工业出版社

·北京·

本书对山野菜的特点、资源开发利用、栽培现状及进展，山野菜栽培设施，常见的16种山野菜棚室栽培技术，山野菜保鲜贮藏及保鲜贮藏的影响因素作了较为实用、系统和科学的阐述。本书的突出特点是图文并茂，贴近山野菜生产实际，方法高效实用，语言通俗易懂，可供基层种植技术人员阅读参考。

图书在版编目（CIP）数据

图说棚室山野菜栽培技术/杨佳明，张锐，龚娜主编.—北京：化学工业出版社，2016.6
（棚室蔬菜栽培图解丛书）
ISBN 978-7-122-26932-4

Ⅰ.①图… Ⅱ.①杨…②张…③龚… Ⅲ.①野生植物-蔬菜-温室栽培-图解 Ⅳ.①S626.5-64

中国版本图书馆CIP数据核字（2016）第088976号

责任编辑：李 丽　　文字编辑：赵爱萍
责任校对：王 静　　装帧设计：史利平

出版发行：化学工业出版社（北京市东城区青年湖南街13号 邮政编码100011）
印 刷：北京永鑫印刷有限责任公司
装 订：三河市宇新装订厂
850mm×1168mm 1/32 印张7¼ 彩插4 字数196千字
2016年8月北京第1版第1次印刷

购书咨询：010-64518888（传真：010-64519686）
售后服务：010-64518899
网 址：http://www.cip.com.cn
凡购买本书，如有缺损质量问题，本社销售中心负责调换。

定 价：29.80元

本书编写人员名单

主　　编　杨佳明　辽宁省农业科学院

张　锐　辽宁省农业科学院

龚　娜　辽宁省农业科学院

副 主 编　张逸鸣　辽宁省农业科学院

张玉鑫　辽宁省农业科学院

李国东　本溪县农业技术推广中心

编写人员　苗　羽　辽宁省农业科学院

杨　光　辽宁省农业科学院

崔玥晗　辽宁省农业科学院

杨佳明　辽宁省农业科学院

张　锐　辽宁省农业科学院

龚　娜　辽宁省农业科学院

张逸鸣　辽宁省农业科学院

张玉鑫　辽宁省农业科学院

李国东　本溪县农业技术推广中心

山野菜是在深山、草原等自然环境中生长，未经人工栽培的无污染蔬菜，其风味独特，口感新颖，营养价值较高，并具备一定的药用、保健作用。中国地域辽阔，地形复杂，气候条件多样，山野菜资源极为丰富，几乎各地都有其独具特色的地产山野菜。山野菜具有分布广泛、品种资源丰富、天然绿色、营养价值高、保健作用明显等特点，随着人们生活水平的提高，一些山野菜已经从过去的“度荒菜”“救命菜”一跃而上升为绿色食品家族中的重要一员，成为人们餐桌上的新宠。因此，山野菜的开发利用，已经成为一项新课题。

中国一些具有区域特色的山野菜，在国内、国际市场上已有名气。国内驯化栽培出现在20世纪80年代后期，虽然蒲公英、黄花菜、野苋菜等主要在温室、大棚等保护地设施内进行反季节栽培，栽培获得成功，取得了较好的收益，但尚缺乏系统的操作规范，主要是农民自发进行生产，缺乏系统研究和理论指导，如水分管理、温湿度调控等，在栽培中存在产量低、耗能高等问题，限制了效益的进一步提高和野菜产业的健康发展。同时各地在山野菜的开发利用过程中，还存在对山野菜资源破坏性较大等问题。

本书针对上述问题，图文并茂地介绍了山野菜的特点、资源开发利用、栽培现状及进展，山野菜栽培设施，常见的16种山野菜棚室栽培技术，山野菜保鲜贮藏及保鲜贮藏的影响因素，指导山野菜栽培生产。对山野菜资源合理开发，有效地保护资源，建立生产基地、开发精细加工，延长产业链，提高山野菜附加值，意义重大。

本书的突出特点是贴近山野菜生产实际，方法高效实用，语言通俗易懂，可供基层种植技术人员阅读参考。

本书第一章、第二章由杨佳明编写完成，第三章由杨佳明、龚娜、张逸鸣、张玉鑫、李国东、苗羽、杨光、崔玥晗共同编写完成。第四章由张锐、李国东编写完成。需特别感谢辽宁省农业科学院的王鑫老师，对本书编写给予的指导和帮助！由于时间短促，书中难免有疏漏之处，敬请广大读者在使用过程中提出宝贵的意见和建议，以便我们进一步修订和完善。

编者

2016 年 4 月

第一章　山野菜资源开发利用 1

一、山野菜的特点 …… 1
二、山野菜资源开发及利用种类 …… 3
三、山野菜人工繁殖、栽培现状及进展 …… 3
四、山野菜开发的基本策略 …… 5

第二章　山野菜的栽培设施 7

一、日光温室 …… 7
（一）日光温室的结构及参数 …… 8
（二）日光温室类型 …… 10
（三）日光温室的配套设施和设备 …… 12
二、塑料大棚 …… 18
（一）结构和种类 …… 18
（二）性能 …… 19
三、塑料中棚 …… 20
（一）结构和种类 …… 20
（二）性能 …… 20
四、塑料小棚 …… 20
（一）结构和种类 …… 21
（二）性能 …… 22
（三）应用 …… 22

第三章　山野菜栽培技术 24

一、大叶芹 …… 24
（一）概述 …… 24
（二）栽培关键技术 …… 26
（三）采收 …… 30

（四）病虫害防治 …… 31
二、鸭儿芹 …… 35
（一）概述 …… 35
（二）栽培关键技术 …… 37
（三）采收 …… 40
（四）病虫害防治 …… 40
三、荠菜 …… 41
（一）概述 …… 41
（二）栽培关键技术 …… 43
（三）采收 …… 49
（四）病虫害防治 …… 49
四、苋菜 …… 50
（一）概述 …… 50
（二）栽培关键技术 …… 52
（三）采收 …… 56
（四）病虫害防治 …… 57
五、轮叶党参 …… 62
（一）概述 …… 62
（二）栽培关键技术 …… 65
（三）采收 …… 70
（四）病虫害防治 …… 70
六、紫苏 …… 71
（一）概述 …… 71
（二）栽培关键技术 …… 72
（三）采收 …… 77
（四）病虫害防治 …… 78
七、东风菜 …… 80
（一）概述 …… 80
（二）栽培关键技术 …… 81
（三）采收 …… 84
（四）病虫害防治 …… 85

八、短梗五加 …………………………………… 86
（一）概述 …………………………………… 86
（二）栽培关键技术 ………………………… 88
（三）采收 …………………………………… 95
（四）病虫害防治 …………………………… 95
九、黄花菜 …………………………………… 99
（一）概述 …………………………………… 99
（二）栽培关键技术 ………………………… 100
（三）采收 …………………………………… 103
（四）病虫害防治 …………………………… 104
十、蕨菜 ……………………………………… 105
（一）概述 …………………………………… 105
（二）栽培关键技术 ………………………… 106
（三）采收 …………………………………… 112
（四）病虫害防治 …………………………… 113
十一、马齿苋 ………………………………… 113
（一）概述 …………………………………… 113
（二）栽培关键技术 ………………………… 115
（三）采收 …………………………………… 120
（四）病虫害防治 …………………………… 120
十二、刺嫩芽 ………………………………… 122
（一）概述 …………………………………… 122
（二）栽培关键技术 ………………………… 124
（三）采收 …………………………………… 132
（四）病虫害防治 …………………………… 133
十三、柳蒿 …………………………………… 137
（一）概述 …………………………………… 137
（二）栽培关键技术 ………………………… 140
（三）采收 …………………………………… 147
（四）病虫害防治 …………………………… 147
十四、蒲公英 ………………………………… 151

（一）概述 …………………………………………………… 151
（二）栽培关键技术 ……………………………………… 154
（三）采收 …………………………………………………… 158
（四）病虫害防治 ………………………………………… 159
十五、刺五加 ……………………………………………… 163
（一）概述 …………………………………………………… 163
（二）栽培关键技术 ……………………………………… 165
（三）采收 …………………………………………………… 171
（四）病虫害防治 ………………………………………… 171
十六、薄荷 ………………………………………………… 175
（一）概述 …………………………………………………… 175
（二）栽培关键技术 ……………………………………… 178
（三）病虫害防治 ………………………………………… 182
第四章　山野菜保鲜贮藏 186
一、山野菜保鲜贮藏基础知识 …………………………… 186
（一）山野菜保鲜贮藏原理 ……………………………… 186
（二）采收前后影响因素与控制 ………………………… 187
二、山野菜贮藏保鲜方法 ………………………………… 191
（一）常温保鲜贮藏 ……………………………………… 191
（二）低温保鲜贮藏 ……………………………………… 193
（三）盐渍保鲜贮藏 ……………………………………… 210
参考文献 214

第一章 山野菜资源开发利用

山野菜是在深山、草原等自然环境中生长，未经人工栽培的无污染蔬菜，其风味独特，口感新颖，营养价值较高，并具备一定的药用保健作用。中国地域辽阔，地形复杂，气候条件多样，山野菜资源极为丰富，几乎各地都有其独具特色的地产山野菜。随着人们生活水平的提高，一些山野菜已经从过去的“度荒菜”“救命菜”一跃而上升为绿色食品家族中的重要一员，成为人们餐桌上的新宠。因此，山野菜的开发利用，已经成为一项新课题。

一、山野菜的特点

1. 分布广泛，品种资源丰富

由于山野菜适应性广，耐瘠薄，对土壤条件要求不严格，对高温、干旱、霜冻等恶劣气候条件有很强的耐力，再生能力强，繁殖系数高，分布十分广泛。例如马齿苋、蒲公英等几乎遍及全国各地；在冬季严寒的东北地区，山野菜的品种十分丰富，如蘑菇、刺龙芽、蕨菜等。在内蒙古、甘肃一些半沙漠地区，生长着沙芥、发菜、薇菜等。据钟世良先生调查，仅辽宁省丹东地区就有山野菜43个科、107个属、151种。

2. 天然绿色食品

山野菜具有常规栽培蔬菜无法比拟的优良特性。首先，常规蔬菜经常需要施用农药，蔬菜产品上残留少量农药，长期食用人体中就会积累越来越多的农药成分，同时为了使种植的蔬菜高产，还要施用大量化肥，不仅降低了种植蔬菜的品质，而且增加了大量的有害物质残留。山野菜在长期的进化当中，逐渐具备了适应性强、对气候及土壤条件要求低等一系列优点，其抗病虫害能力强，一般没有病虫害，且其生命力与抗逆性强，无需施用农药、化肥即可生长完好，并可达到商品要求。因此野生蔬菜人工栽培具有无毒无害、卫生安全的特点，是今后开发有机食品蔬菜首选品种。

3. 营养价值高

山野菜的营养价值是多方面的，它富含人体所需的矿物质元素，十几种氨基酸及多种维生素。从胡萝卜素、维生素 B_2、维生素C的含量看，山野菜比一般栽培蔬菜高出1倍至数倍，而且风味清新，促进食欲。每100g黄花菜、灰菜、野苋菜的维生素C含量分别高达114mg、167mg、153mg，胡萝卜素含量分别为4.47mg、6.33mg、7.15mg。山野菜蛋白质含量也高，每100g刺儿菜、蒲公英、黄花菜的蛋白质含量分别为4.5g、4.8g、14.0g，分别高于栽培的白菜、韭菜、马铃薯1.1g、2.1g、2.3g；此外，人体活动不可缺少的K、Ca、Fe、Mg、Na、Zn等矿物质丰富，且膳食纤维含量为0.7%～3.2%，对糖尿病、高胆固醇血症、心脏病等具有很好的预防作用。

4. 保健作用明显

大多数山野菜具有明显的治疗疾病和保健作用。另外，野菜有较高的药用价值。如蒌蒿在唐朝就被列为四大名菜之一，具有通便、润气、安神等作用；刺嫩芽、刺五加具有补气安神、强心健胃、活血化瘀的功能。这些野菜食用方法多样，已经成为人们餐桌上的美味佳肴，是集食用、药用、保健于一身的天然食品。

二、山野菜资源开发及利用种类

我国可食山野菜资源种类繁多，全国可食山野菜63科700余种，其中北方占200种左右，常食用的有100～200种。具体可分为3类。

1. 具有较大利用规模的种类

主要包括刺嫩芽、刺五加、桔梗、蒲公英、小根蒜、4种蕨类（猴腿、黄瓜香、微菜、山蕨菜）等，不足10种。这些野菜食用历史悠久，加工技术与食用方法比较成熟，已形成一定的风味特色，市场需求较大，已成为我国出口创汇的重要野菜品种。

2. 地方农贸市场或超市少量出售的种类

主要有老山芹、蒌蒿、薄荷、紫苏、荠菜、苦菜、野苋菜等10余种。这些野菜主要以鲜菜上市，有一定的销量。

3. 仅民间食用的种类

如短梗五加、龙须菜、酸模、野猪芽等，这一类野菜占可食野菜的比重较大，约占90%以上，各具风味，营养与药用价值较高，开发潜力较大。国外受到人力资源昂贵等条件限制，在野菜品种开发方面研究较少，其山野菜产品与种类来源主要是进口，如日本、韩国主要进口我国山野菜原料。

三、山野菜人工繁殖、栽培现状及进展

1. 种苗繁殖

我国一些科研单位和大专院校于20世纪80年代中期着手就某些山野菜繁殖技术进行了研究。如无性繁殖采用分根、压条、扦插等方法；有性繁殖采用实生苗培养的方法，主要对木本野菜进行了

种子繁殖，目前刺嫩芽的实生苗繁殖技术比较成熟，已进入较大规模生产阶段。辽宁省抚顺市2002年年底建成一座山野菜育苗机械化示范园区，园区内拥有自动化日光温室，设备先进，大多数操作实现自动化，建筑面积达10000m^2，主要生产刺嫩芽实生种苗，育苗设施可满足一次性生产1000万株苗木的需要。沈阳农业大学成立了野菜开发研究课题组，建立大型野菜繁育基地，进行优良野菜品种种苗的商品化开发。目前他们主要采取无性扦插与实生苗繁殖的方式扩繁刺嫩芽种苗。这两种繁殖方式虽然解决了人工栽培野菜种苗的需要，但是对野菜资源破坏性较大，如采集木本野菜种子时，由于树体较高，常常以破坏树体为代价取得种子，而且种子的发芽率极低，只有20%左右；无性扦插方法是取自然生长的树段进行繁殖，破坏性极大，是一种掠夺式的繁殖方式。因此采用组织培养的方法繁殖种苗是山野菜人工繁殖的趋势。在山野菜组织培养方面，目前的研究报道很少，多数处于试验的初级阶段，尚未应用于生产，关于野菜组培工厂化育苗尚未见报道。

中国科学院东北地理与农业生态研究所利用蒌蒿芽、薄荷茎尖、茎段、叶片为材料进行无菌培养，成功地培养出组培苗，扩繁倍数达到1∶10000以上。蒌蒿芽已进行小规模生产示范，取得了较好的反响。蕨类、刺嫩芽组织培养实验室阶段基本完成，已进入种苗驯化与培育壮苗阶段，有望近期建立起工厂化育苗技术体系与模式。

2. 品种选育

在品种选育方面研究较少，目前已报道有沈阳农业大学选育出的沈农草本龙芽1号、广西农业科学院蔬菜研究所选育的桂特一号大叶韭。品种来源多是野生品种资源，有些品种存在一些不良经济性状，如刺嫩芽刺多、易老，颜色不一，变异性较大，采收期短，影响产品产量与品质。尤其有刺、多刺性状在生产、采集、加工过程中存在操作不便等问题，需要进一步改良。日本在刺嫩芽育种方面有过报道，已培育出无刺刺嫩芽品种，但国内引种适应性较差，尚无栽培成功先例。

3. 驯化栽培

国内驯化栽培出现在20世纪80年代后期，蒲公英、黄花菜、野苋菜、小根蒜等栽培获得成功，主要在温室、大棚等保护地设施内进行反季节栽培，获得了较好的收益。但尚缺乏系统的操作规范，主要是农民自发进行生产，缺乏系统研究和理论指导，如水分管理、温湿度调控等，在栽培中存在产量低、耗能高等问题，限制了效益的进一步提高和野菜产业的健康发展。同时，有些经济价值更高的野菜如蒌蒿芽、蕨类野菜等主要采用挖掘自然野生植株假植栽培，木本野菜主要采取茎段扦插、假植栽培（如刺嫩芽栽培）采取茎段高密度扦插、假植获取产品，种苗用量很大，约需茎段2万段/667m^2，对野生资源破坏严重，并且存在收获期短（只能采收2～3次）、定植密度不合理、产量低且不稳等问题。

国外，在山野菜栽培研究方面报道较少，就蕨类植物孢子发育特性从植物学角度有过报道，在野菜组培快繁技术与设施栽培方面尚未见报道。

四、山野菜开发的基本策略

在充分开发利用山野菜资源的过程中，有效地保护资源、建立生产基地、深加工、努力开拓市场，其意义十分重要。

1. 合理开发，保护资源

把山野菜的开发利用列入国家产业开发项目，建立起科学有效的宏观调控体系；在有条件的地区建立山野菜的自然保护区，进行轮休养护，保护珍稀和濒危品种；加大对山野菜的研究和开发力度，提高资源利用率，使之成为具有中国特色的农产品，更快地走向世界。

2. 科学规划，建设生产基地

立足实际，着眼长远，进行科学规划。在科学规划的基础上，各地根据自己的资源优势，确定生产基地的规模。在建设生产基地的基础上，使山野菜的科研孵化中心、加工包装、贮藏销售等功能日臻完善。对于市场需求量大、出口创汇份额高的山野菜品种，要实行物种驯化，建设一批人工栽培基地。在山野菜的人工栽培过程中，要严格执行《绿色食品　产地环境质量》《绿色食品　肥料使用准则》《绿色食品　农药使用准则》等相关标准，保持山野菜“有机”、“绿色”的本来面目。

3. 开发精细加工，延长产业链，提高附加值

应用高新技术，加工生产集医疗、保健、营养为一体的山野菜产品。国内外一些高科技的山野菜加工企业，已经开始对山野菜的饮料饮剂、片剂粉剂、火腿面点、酱菜、保健美容等新产品进行研发，值得借鉴。在山野菜的深加工过程中，要注意逐渐形成品牌＋基地＋加工＋市场的运营模式，要坚持“绿色食品”的生产标准，要尽量减少山野菜中的维生素、微量元素含量的损失。

4. 树立品牌意识，积极开拓市场

中国一些具有区域特色的山野菜，在国内国际市场上已有名气。各地在山野菜的开发利用过程中，要注重充分利用当地资源，充分发挥区域特色经济的优势，打造品牌，提高市场竞争力，逐渐形成规模化生产、产业化经营的局面。

进入 21 世纪以来，随着人民生活水平的提高，广大消费者对蔬菜产品的需求正在由数量消费向质量消费过渡，山野菜正在逐渐走向百姓餐桌，需求的品种和数量逐渐增多。因此，山野菜的开发利用已经进入一个新阶段。

山野菜是中国宝贵的种质资源，其种类和蕴量极为丰富。在山野菜的开发利用过程中，要综合运用植物学、生态学、栽培学、食品加工学、营养学、经营管理学等系统科学，加强基础理论研究，充分运用高新技术，注重资源保护和市场开拓，使山野菜的开发利用产业越做越强。

第二章 山野菜的栽培设施

一、日光温室

日光温室是节能日光温室的简称，又称暖棚，是我国北方地区独有的一种温室类型，是一种在室内不加热的温室，即使在最寒冷的季节，也只依靠太阳光来维持室内一定的温度水平，以满足蔬菜作物生长的需要。

日光温室的结构各地不尽相同，分类方法也比较多。按墙体材料分主要有干打垒土温室、砖石结构温室、复合结构温室等。按后屋面长度分有长后坡温室和短后坡温室。按前屋面形式分有二折式、三折式、拱圆式、微拱式等。按结构分有竹木结构、钢木结构、钢筋混凝土结构、全钢结构、全钢筋混凝土结构、悬索结构、热镀锌钢管装配结构。按日光温室发展出现时间早晚分有第一代普通型日光温室（以海城感王式日光温室和鞍Ⅰ型日光温室为代表）、第一代节能型日光温室（以瓦房店琴弦式日光温室为代表）、第二代节能型日光温室（以辽沈Ⅰ型日光温室为代表）、第三代节能型日光温室（以辽沈Ⅳ型日光温室为代表）。在设施专用品种选育、新型温室设施的设计、环境自动控制系统和计算机专家管理系统、主要园艺作物种植工艺、病虫害综合防治等方面取得了较大进展。

目前我国生产上应用的日光温室类型多样，即普通日光温室、第一代节能型日光温室、第二代节能型日光温室、第三代节能型日光温室同时存在。其中仍以竹木结构普通型日光温室居多，第一代和第二代节能型日光温室占35%～45%，第三代节能型日光温室甚少，不加温温室类型占总量的95%以上。第二代和第三代节能型日光温室的保温、加温、放风、灌溉、施肥等环境调控设施设备不断完善。

（一）日光温室的结构及参数

1. 温室方位

日光温室都是坐北朝南，东西延长（图2-1）。方位应正南、南偏西或南偏东为主。温室方位不同与温室造价无关，但与温室内光照环境优劣及生产效益紧密相关。每偏东1°，太阳光线与温室延长方向垂直的时间早4min。蔬菜上午光合作用比下午旺盛，南偏东有利于早接受阳光，从而延长上午的光照时间，提高光能利用率，所以在低纬度地区（华北地区）以南偏东5°为宜。而在高纬度地区（东北地区），冬季日出后30～60min，外界温度低，不能揭开草苫，温室方位应以南偏西5°为宜。这里的南、北指的是真南真北，而不是罗盘所指的南北，修建温室时如果用罗盘确定南北，要考虑磁偏角。

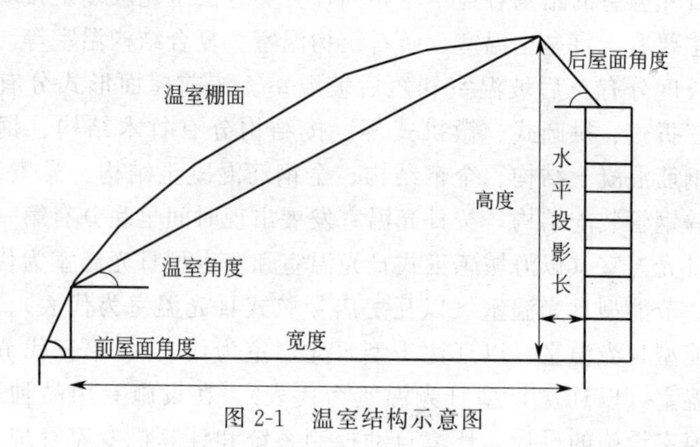

图2-1 温室结构示意图

2. 温室间距

两栋温室之间的距离以冬至太阳高度角最小时，前栋温室不遮盖后一栋温室采光为准。一般以温室的高度×(2.5～3)为宜。丘陵地区可采用阶梯式建造；平原地区，也应使冬至日上午 10 时阳光能照射到温室的前沿，即使土地资源非常宝贵的地区，也应保证冬至日中午阳光能照射到温室前防寒沟。

3. 温室的长度

温室长度一般以 80～100m 为宜，过长易造成通风困难，浇水不均。如果把温室设计成是大于 100m 的，那就要求应该给这个温室设置两个门，东面一个，西面一个。

4. 宽度

又称“跨度”，指的是南北之间的距离，日光温室的跨度以 7.5～8.5m 最为适宜。过大或过小不利于采光、保温、作物生育及人工作业。

5. 温室的高度

温室的高度是指温室屋脊到地面的垂直高度。一般跨度为 7.5～8.5m 的日光温室，在北方地区如果生产喜温作物，高度以 4.0～4.6m 为宜。

6. 温室角度

温室角度是指温室前屋面高 1m 处与地平面的夹角，这个角度对温室的影响很大，计算公式为：

$$23.5+(\text{当地纬度}-40)\times 0.618+\alpha_1+\alpha_2+\alpha_3$$

式中 α_1——纬度调节系数，＞50°－1，＜35°＋1；

α_2——海拔高度调节系数，每升高 1000m＋1；

α_3——应用方式调节系数，以冬季生产为主的＋1。

7. 温室后屋面角度

后屋面角度是指温室后屋面与后墙顶部水平线的夹角，后屋面的仰角应为 37°～45°，温室屋脊与后墙顶部高度差应为 90～120cm，这样可使寒冷季节有更多的直射光照射在后墙及后屋面上，有利于保温。

后屋面仰角大的好处，一是后坡仰角大，冬季反射光好，能增加温室后部光照；二是后坡内侧因多得阳光辐射热，有利于夜间保温；三是能增加钢架水平推力，增加温室的稳固性；四是避免夏天遮阴严重的现象。

8. 后屋面水平投影长度

后屋面过长，在冬季太阳高度角较小时，就会出现遮光现象，因此，后屋面水平投影长度以小于等于1.0m为宜。

（二）日光温室类型

1. 鞍Ⅱ型日光温室

这种温室是在吸收了各地日光温室优点的基础上，经多年探索改进，由鞍山市园艺研究所研制成功的一种无支柱钢筋骨架日光温室（图2-2）。整个温室跨度6m，中脊高2.7～2.8m，后墙高1.8m，在砖体结构中加12cm厚的珍珠岩，使整个墙体厚度达0.48m。前屋面为钢筋结构一体化的半圆形骨架，上弦为4分（外径21.3mm）或6分（外径26.8mm）直径的钢管，下弦为10～

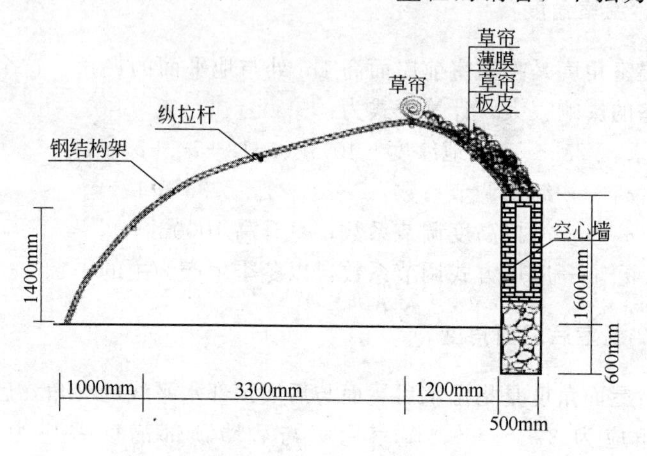

图2-2 鞍Ⅱ型日光温室

12mm 钢筋，连接上下弦的拉花为 8mm 钢筋。温室的后屋面长 1.8m 左右，仰角 35.5°，水平投影宽度 1.4m，从下弦面起向上铺 1 层木板，向其上填充稻壳、玉米皮、作物秸秆，抹草泥，再铺草，形成泥土与作物秸秆复合后坡，厚度不小于 60cm。这种温室前屋面为双弧面构成的半拱形，下、中、上三段与地面的水平夹角分别为 39°、25°以及 17.5°，抗雪压等负荷设计能力为 300kg/m^2。建造时各地可根据实际情况调整温室脊高、后坡水平投影长度及墙体厚度等。

2. 辽沈Ⅰ型日光温室

是沈阳农业大学“九五”期间设计的高效节能日光温室，也是第二代节能日光温室的样板，在北方大面积推广。其基本型跨度 7.5m，脊高 3.5m，后墙高 2.2m，后坡水平投影 1.5m；前屋面采用拱形钢桁架结构，上弦为 4 分厚壁钢管，下弦为直径 14mm 钢筋，腹杆为 8mm 钢筋，纵向设 6 道 21.25mm 直径钢管作系杆，拱架间距 80cm 左右；墙体为内外双层 24cm 厚砖墙。另外选用了一些新的轻质材料，使墙体变薄，操作省力，如用 9～12cm 厚聚苯板代替干土、炉渣做墙体的中间夹层，用轻质的保温被代替草苫作为夜间外覆盖保温材料，后屋面也采用聚苯板等复合材料保温，拱架采用镀锌钢管，配套有卷帘机、卷膜器、地下热交换等设备。建造时各地可根据实际情况调整温室脊高和后坡水平投影长度（图 2-3）。

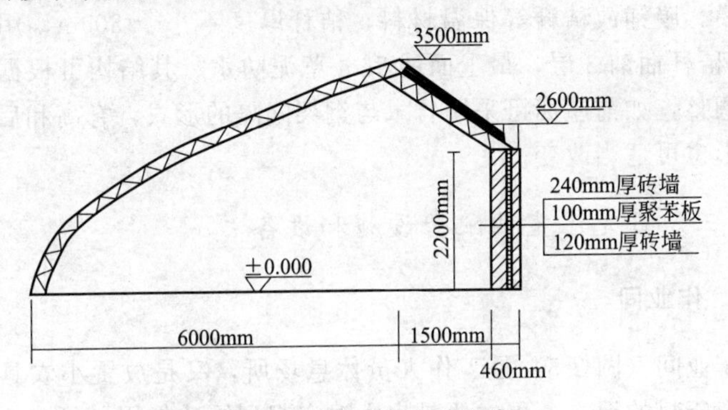

图 2-3 辽沈Ⅰ型日光温室

3. 辽沈Ⅳ型日光温室

温室脊高 5.5m，跨度 12m，后墙高 3m，后坡仰角 45°，骨架间距 85～90cm。大幅度增加了温室空间，并首次设计制造了缀铝箔夹心聚苯板空心墙体，提高了大型日光温室的墙体保温能力（图 2-4）。

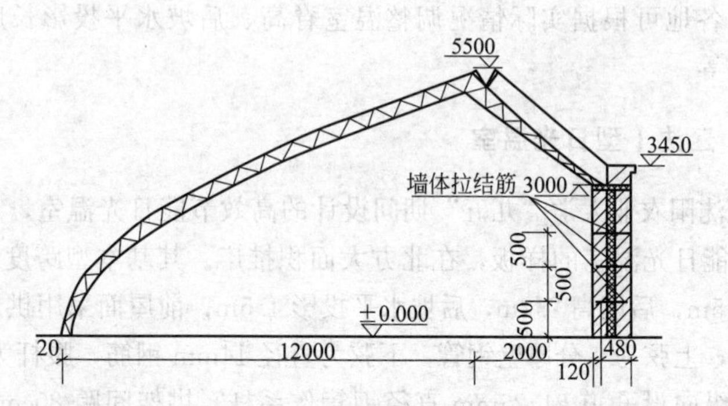

图 2-4 辽沈Ⅳ型日光温室（水平方向单位为毫米，垂直方向单位为米）

4. 钢混型日光温室

前屋面角度、后坡水平投影、跨度、脊高等与辽沈Ⅰ型日光温室完全相同，但后墙采用垛土墙。后墙内侧与骨架等间距设置钢筋混凝土支柱支撑钢骨架。后坡在骨架上铺设木板，木板上铺放一层塑料膜，膜铺放秸秆等保温材料，秸秆厚度不小于 30cm，用直径 10cm 秸秆捆铺 3 层，最上面铺 5cm 草泥防水。其结构可根据条件进行调整，如前屋面可采用竹木与钢架间隔的形式，脊高和后坡水平投影也可适当改变。

（三）日光温室的配套设施和设备

1. 作业间

作业间（图 2-5）是工作人员休息场所，又是放置小农具和部分生产资料的地方，更主要是出入温室起到缓冲作用，可防止冷空气直接进入温室。

图 2-5 作业间

2. 防寒沟

设置在温室前沿和两侧山墙外侧。在温室外侧挖一条深 50cm、宽 40cm 的沟，铺一层旧塑料薄膜，防止地下水上返，沟内填入杂草、马粪等保温材料，压实后厚 45cm。上面覆盖一层旧塑料薄膜，用土埋严，防止漏水。或者是在前墙 24 砖墙或 20cm、宽 50cm 深混凝土过梁内贴一层 5cm 厚聚苯板隔热，保温效果最为理想。防寒沟可起到减少温室热量向外传递，提高温室前底脚处地温的作用。

3. 灌溉系统

日光温室的灌溉以冬季寒冷季节为重点，不宜明水灌溉，最好采用管道灌溉或滴灌（图 2-6，彩图）。

4. 卷帘机

日光温室前屋面夜间覆盖保温被，白天卷起夜间放下，若保温

图 2-6　滴灌系统

被由两个人操作，则需要较长的时间，特别是严寒冬季，太阳升起后，因卷帘需要较长时间，对作物的生长有一定的影响，午后盖帘子，若在温度最适宜的时候进行，不等盖完，温度已经下降，影响夜间保温；若提前覆盖，盖完后室内温度偏高，作物又容易徒长，特别是遇到时阴时晴的天气，帘子不可能及时掀盖，利用卷帘机就可以在短时间内完成。防治风把棉被吹到后面。

图 2-7　上拉式卷帘机

常见的卷帘机有三种。前置中卷棚面式卷帘机，卷帘机安装在大棚前面，一般居中。卷帘机转动卷杆一起带动保温材料向上或向下卷动，同时卷帘机沿棚面上下移动。特点是结构简单、方便安装、价格较低，但对棚架强度要求较高，易造成棚面损坏。前置中卷悬臂式（轨道式）卷帘机，卷帘机安装在大棚前面，一般居中，由横跨大棚的悬梁上的悬臂固定。主机由悬臂固定，沿悬梁轨道上下移动，主机转动卷杆带动保温材料一起向上或向下卷动。特点是，稳定性好且能减轻卷帘机和保温材料对大棚的压力，但安装价格相对较贵。后置上拉式卷帘机（图 2-7，彩图），卷帘机安装在大棚后面，一般居中固定，主要由主机、上卷轴、下卷轴组成。卷帘机转动上卷轴，上卷轴缠绕绳子上拉，绳子带动下卷轴随保温材料一起向上或向下卷动。特点是结构简单、方便安装、价格较低，但安全性较差。

5. 通风口

根据气候、使用季节等因素在棚室内设置后墙通风口、顶部通风口（图 2-8，彩图）及腰部通风口等。后墙通风口一般每隔 2～3m 设置一个，通风口面积为 0.1～0.2m^2。顶部通风口及腰部通风口一般均为长带状，也可设置成圆形的桶式通风口。通风口可加装卷膜机提高放风效率，卷膜机可分为电动式、拉链式及手摇式等。

图 2-8 顶部通风口

6. 棚膜

PVC（聚氯乙烯无滴防老化膜）保温性能好，耐低温，透光性好，防尘性差，但是重量大，不耐拉，用量 65kg/667m²，后期透光性差。PE 膜（聚乙烯膜和聚乙烯无滴防老化膜），重量轻，拉力强，透光性、保温性、耐候性中，防尘良，用量 50kg/667m²。EVA 膜（聚乙烯-醋酸乙烯膜），耐拉，透光、耐低温性优，保温、除尘、流滴性良，用量少，温室用量 50kg/667m²，但造价较高。

7. 外覆盖保温材料

包括草帘、保温被（图 2-9）、纸被等。纸被，即防寒纸被，由 12 层牛皮纸构成，每条规格为 2.5m×7.5m，每 667m² 需要 42 条。使用年限 15～20 年。但纸被投资高，易被雨水、雪水淋湿。保温被是由内芯和外皮组成，保温性能相对较好，棉被多用包装布与落地棉或者劣质棉制成，规格为 2.5m×7.5m，每 667m² 需要

图 2-9 保温被

40 条左右。保温能力在 10℃左右，可用 10 年；表面是由防雨布代替的，能够避免帘子发霉，沤烂。草帘的保温性能随其厚薄、干湿度而异，一般覆盖可提高温度 1～2℃，草帘取材容易，但易被淋湿，淋湿后重量增大，操作不便。

8. 加温设备

高纬度寒冷地区，为实现冬季生产可在温室内配套热风炉、普通火炉、地热线等加温设施。

9. 反光幕

在日光温室栽培畦的北侧或者是靠后墙部位张挂反光幕（图 2-10），可利用反光，改善后部弱光区的光照，有较好的补光增温作用。

图 2-10 反光幕

10. 蓄水池

日光温室冬季灌溉水温偏低，灌水后常使地温下降，影响作物根系的生长，我们可以在日光温室内放置大缸或者是修建蓄水池

（图 2-11），要求蓄水池白天掀开晒水，夜间盖上，既可以提高水温又可以防止水分蒸发。

图 2-11　蓄水池

二、塑料大棚

与日光温室东西走向不同，塑料大棚多为南北延长。其结构简单、投资少，温度调控能力也较弱。

（一）结构和种类

1. 竹木结构塑料大棚

以竹木为骨架材料，这种大棚取材方便，成本低廉，支架较多，较牢固。但支架过多，也造成遮光、操作不便等。竹木大棚一般跨度 10～14m，矢高 2.2～2.5m，长 40～60m。采用直径 3～6cm 竹竿作为拱杆，每 1m 左右设一拱杆，拱杆两端要插入地中。每隔 2～3 个拱杆需在拱杆下设支柱，在该拱杆下每 2～2.5m 设一支柱。支柱用木杆或水泥预制，立柱要有 30cm 以上埋入土中。立柱顶部沿棚室纵向设直径 8cm 松木做梁，梁上安放拱杆。同时纵向用直径 3～4cm 竹竿作为系杆连接拱杆和支柱，使整个棚室骨架连接成一个整体。多用 8 号铅丝作为压膜线，铅丝两端固定在预先埋在两个拱杆中间的钢筋钩上用于固定棚膜。

2. 钢质结构塑料大棚

骨架用钢管或钢筋做成，多无支柱。跨度 8～12m，矢高 3～3.5m，长 40～60m。根据装配方式不同可分为焊接式塑料大棚和装配式塑料大棚。

（1）焊接式塑料大棚　这种大棚坚固耐用，无支柱，空间大，便于植株生长和人工作业。但建造较复杂，一次性投入较高。修建时要先在四周设 24cm×24cm 圈梁，圈梁内设预埋件用于和骨架焊接。骨架上弦用 6 分管，下弦用直径 16mm 钢筋，中间用直径 10mm 钢筋做拉花焊接在一起，上下弦之间的距离在最高点的脊部为 40cm 左右，在两个拱脚处逐渐缩小为 15cm 左右。纵向设 9 道系杆，系杆用 4 分管，系杆与桁架连接方式与钢骨架日光温室相同。大棚南北两端设斜撑，并各设一门。在两骨架中间预埋钢筋钩，用于绑压膜线，固定棚膜。

（2）装配式塑料大棚　这种大棚安装简单，方便移动，结构稳固。采用内外壁热浸镀锌钢管为骨架材料。其拱架和纵向拉杆均用 1.25mm 薄壁镀锌钢管制成，安装时用卡具把拱架和拉杆连接固定在一起。大棚四周无需修筑基础，将拱架两端插入泥土中 0.5m 左右即可固定棚架。可在骨架的南北两端及中部通风口部分安装镀锌钢质卡槽，扣棚时用蛇形钢丝弹簧将棚膜固定在卡槽内。两个拱架间预埋钢筋钩，用于绑压膜线，固定棚膜。可在棚室两侧装配手摇式卷膜器，用于通风。

（二）性能

塑料大棚在北方地区主要是起到春提早、秋延后的保温栽培作用，春季可提早 30～50 天，秋季能延后 20～25 天，不能进行越冬栽培。其最低温度一般比室外温度高 1～2℃，平均温度高 3～10℃以上。塑料大棚透光率一般在 60%～75%。

三、塑料中棚

（一）结构和种类

塑料中棚一般高 1.5～1.8m，跨度 4～6m；有竹木和钢筋结构，人可以在棚内操作。

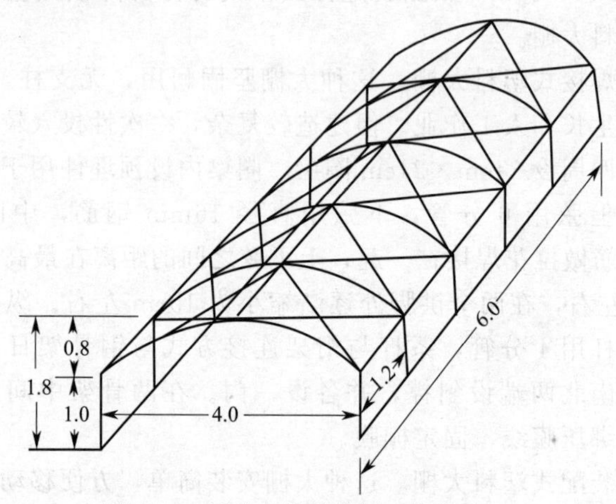

图 2-12　活动中棚示意图（单位：m）

（引自山东农业大学·蔬菜栽培学总论·2000）

钢结构的中棚又可分固定式和活动式（图 2-12）两种。固定式高 1.5～1.8m，跨度 4～6m，活动式高 1.2～1.5m，跨度 4～6m，钢筋骨架，可移动，方便，有外覆盖，保温好。

（二）性能

中棚性能比小棚好，但次于大棚，适育苗，扣韭，适合绿叶菜类及茄果类栽培，小气候变化规律与小棚相似。

四、塑料小棚

跨度 1.2～2m，高 1m，结构简单，取材方便，类型多种。

（一）结构和种类

1. 拱圆形

棚型为半圆形（图 2-13），棚向东西延长，一般长 10～30m，便于通风管理，北部夹设风障则成为风障小拱棚，更能发挥小棚的作用，用聚氯乙烯膜较好，以免发生棚温逆转。适合多风、少雨、有积雪的地方。

建设实例：用 8 号线、竹劈或柳条等插成拱架，每棚扣 2 垄，垄距 50～70cm（或 1m 宽的畦），拱架间距为 50～60cm，使用 1.8～2m 宽的膜，8 号线等长 2～2.2m，两端插入土中各 15cm，小棚长以 10m 为宜，便于通风管理。

2. 半拱圆形

棚型为半圆形，棚向东西延长，北面有 1m 左右高的土墙，南侧为半拱圆的棚面或面坡式棚面。一般为无柱棚，但如果跨度超过 2m，中间可设 1～2 排立柱，以支撑棚面及覆盖防寒的草帘。

3. 双斜面棚

棚面成屋脊形，适于风少多雨的地区。小棚必须坚固，抗风，建造省工、省料，保温透光，并有一定空间和面积，便于栽培和管理。

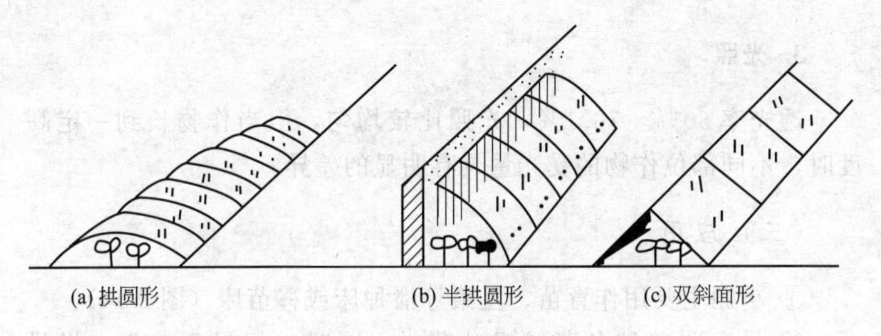

图 2-13 小拱棚的几种类型

（引自陈友・农村庭院棚室建造与管理・1994）

（二）性能

1. 温度

① 温度变化剧烈，春夏使用中由于其空间小，太阳直接照射升温迅速，温度变化剧烈，放风时降温也很快，造成在操作上有一定的难度，不容易控制温度。

② 冻害、冷害发生多（由于保温性能不好，造成温度不稳定）。

③ 在一般情况下，温度相对于外界要高，特别是在晚上。

④ 光照要比外界弱。光能够进入棚内多少取决于膜的质量，另外膜内光照要比外界弱；表面上如果有水滴、膜的外表面上有灰尘也会影响光的透光。

⑤ 棚温逆转现象。聚乙烯膜长波辐射穿透力强，当夜间晴天，干旱、无风时，小棚内长波辐射不断外流，而外界空气对流、乱流又不会影响到小棚内，大量失热的结果，使小棚内最低气温暂时出现低于露地气温的现象，这种现象叫棚温逆转。

2. 湿度

棚内湿度的变化，随气温的升高而降低，棚内低温湿度高；晴天湿度低，阴天湿度高。小棚内高温高湿或低温高湿，易感染病害，必须加强通风管理。

3. 光照

透光率 50%～76.1%，光照比较均匀，但当作物长到一定高度时，不同部位作物的受光量具有明显的差异。

（三）应用

① 小棚主要用作育苗、夏菜等播种床或移苗床（图 2-14）。

② 早春覆盖越冬菜或绿叶菜类，同时进行早熟栽培，提早育苗。

③ 与大、中棚配套使用，在大、中棚中扣小棚。

图 2-14　小棚应用

第三章 山野菜栽培技术

一、大叶芹

（一）概述

大叶芹，又名短果回芹、山芹菜、野芹菜、明叶菜、假茴芹等，为伞形科茴芹属多年生草本植物，食用部位为嫩茎叶，营养丰富，是药食兼用的蔬菜，具有活血降压、清热解毒、利湿、止痛等功效。由于其降压作用显著而成为保健药“芹维康”的主要原料，也是开发降压保健饮品的好原料。经中国科学院应用生态研究所测定，该植物每100g鲜重含维生素A 105mg、维生素E 45.3mg、维生素C 65.88mg、维生素B_2 22.3mg、蛋白质2150mg、铁30.6mg、钙1280mg，并含多种氨基酸，为我国千吨级大宗出口绿色产品之一。

分布于俄罗斯、朝鲜以及中国的河北、贵州、吉林、辽宁等地，生长于海拔500～900m的地区，山区针阔叶混交林、杂木林下、沟谷湿地均有分布。

人工栽培当年播种，当年收获，据初步测产，每667m^2可产2500～3000kg，产值可达万元左右，具有广阔的市场空间。

1. 形态特征

多年生草本，高70～85cm。须根。茎圆管状，有条纹，上部2～3个分枝（图3-1，彩图），无毛。基生叶及茎中、下部叶有柄，

图 3-1 大叶芹

长 4～10cm；叶鞘长圆形；叶片三出分裂，成三小叶，稀 2 回三出分裂，裂片有短柄，长 0.5～1cm，两侧的裂片卵形，长 3～8cm，宽 4～6.5cm，偶 2 裂，顶端的裂片宽卵形，长 5～8cm，宽 4～6cm，基部楔形，顶端短尖，边缘有钝齿或锯齿，叶脉上有毛；茎上部叶无柄，叶片 3 裂，裂片披针形。通常无总苞片，稀 1～3，线形；伞辐 7～15，长 2～4cm；小总苞片 2～5，线形，短于花柄；小伞形花序有花 15～20；萼齿较大，披针形；花瓣阔倒卵形或近圆形，白色，基部楔形，顶端微凹，有内折的小舌片，中脉和侧脉都比较明显；花柱基圆锥形；花柱长为花柱基的 2～3 倍，向两侧弯曲。果实卵球形，无毛，果棱线形；每棱槽内油管 2～3，合生面油管 6；胚乳腹面平直。花果期 6～9 月。

2. 对环境条件要求

大叶芹喜肥沃、疏松、富含腐殖质的壤土或沙壤土，pH 值为

5.0～7.0。中性偏碱的土壤可用田园土、腐殖土或沤制的绿肥改良后使用。大叶芹为耐阴植物，光照过大易得日灼病，植株枯萎，分蘖减少，直接影响产量；光照过小植株发育不好，长势弱，也影响产量。适宜大叶芹生长发育的光照强度为40％～50％，早春和晚秋光照强度可增加到70％～80％。因此，适时调节光照是大叶芹高产的重要环节。大叶芹对温度要求不高，一般10～15℃即可满足生长要求。

（二）栽培关键技术

1. 种苗繁育技术

（1）无性繁殖　在春季4月初至5月中旬，将野生大叶芹母根挖回来种植在温室的空地上；种植前将土壤深翻30cm左右，耙细，施足底肥（最好是腐熟的农家肥）；每667m^{2}施肥量2000kg左右，采用垄栽或畦栽。畦栽5cm×10cm，垄栽株行距5cm×30cm。每667m^{2}大概需苗4万余株。大叶芹主根茎在地表浅层，容易挖取。根茎挖出后，连同携带的泥土收集起来。不要把根部附着的泥土去净，以利根芽的成活和持续发育。将丛状根掰成单根，进行人工分根栽植。在畦床面横向开深8～12cm小沟，将原根直立，埋到原根地表根迹，似露非露，用脚踩实即可。株距以10～12cm为宜。

采用母根栽培相比较而言费时费力，但是栽培后第二年春季就可以扣棚生产，时间短见效快。

（2）有性繁殖　大叶芹种子具有休眠特性，需经低温层积处理才能发芽。8～9月种子采收后，按5cm左右的厚度放在室内阴凉处，摊开晾，每天早晚各翻动1次，当种皮变黑褐色，手握有潮湿感时，将种子与细河沙按1∶3的比例混拌均匀，要保持湿度在60％左右，堆放在阴凉通风处，经常翻动，及时补充水分。需要在11月初土壤封冻前，在室外选平坦处将种沙放入深40cm左右的坑中，使种沙与地平面相平，地面以上先盖5cm左右厚的细河沙（湿度在60％左右），再盖10cm左右厚的土。在3月下旬播种前，将种沙取出堆放在室内催芽，待60%的种子露白时便可播种。大叶芹种子自采收至播种均需要湿藏，切忌将种子干燥后处理或处理后干燥。

播种时地温应在5℃以上，可采用条播或撒播的方式。苗期保持床面无杂草，子叶出土至第一片真叶展开需要20天左右，苗高6～8cm可进行移栽定植。

2. 日光温室大叶芹反季节栽培技术

（1）整地施肥　10～11月初将温室内收拾干净，667m^2施用腐熟的农家肥2000kg（留出1000kg，其余撒施田间），然后翻地、耙平、做床（南北向），作“凹”形槽床，床深15cm，内填过筛的田园土及留出的农家肥（数量1∶2），然后耙平，床宽1.2～1.5m，床长根据温室的跨度而定，床与床之间步道宽度为10～15cm，多筛些田园土做覆土用。

（2）定植及定植后管理　栽培前要保证土壤湿润，需要先浇足底水（5cm土层湿度达到饱和状态），稍干后，将种苗或种根每平方米按400～500苗（根）均匀摆在床内，每个苗生长点朝上。一般长50m、宽7m的温室生产商品大叶芹，栽大叶芹的数量为10万～12万苗。也可以开沟条栽，行距5cm，株距3cm，摆苗移栽，先栽植后浇底水。无论采用哪种栽培方法，栽后盖上过筛的田园土，厚度2cm为宜，覆土后再用喷壶浇1次水，局部有露根的地方再盖上土。

大叶芹定植后，要及时在温室外挂遮光度50%的遮阳网进行遮阴，防止日烧病。每5～7天（视天气情况）喷1次透水，保持地表湿润。及时中耕除草，松土深度为2～3cm，过深易伤根。缓苗后每隔30天左右每667m^2施稀薄农家有机液肥1000kg，有条件的追沼液肥效果更好。8月上旬至9月下旬，喷0.3%～0.5%磷酸二氢钾2～3次，促进根系发育，增加根蘖。9月初将遮阳网撤掉，以利光合作用，增加根蘖。进入10月停止追肥并减少喷水，11月初浇1次透水，11月上旬地上部分自然枯萎。

（3）扣棚膜升温　大叶芹地上部分枯萎后，芽处于深休眠状态，这种生理性休眠需要一定时期的低温才能解除，因此要适时扣棚膜，以利升温。如果升温过早，生理休眠难以解除，升温后不发芽或发芽缓慢且不整齐；升温过晚，上市时间延迟，无法保证春节前上市。

11 月中下旬，将地上部的大叶芹的枯叶清理干净，集中烧毁，然后扣棚膜，并覆盖草苫或者保温被，将保温被卷至棚底脚放风口上缘处不动，至升温前始终大开放风口，此时的低温有利于解除大叶芹芽的休眠。12 月上旬开始保温被升温，白天温度控制在 25℃左右，夜间温度最好控制在 12℃以上，升温初期喷 1 次透水，以后保持土壤湿润。为了保持空间湿度，提高鲜菜的品质，尽量减少放风，可利用卷放草苫来调节温室内温度和光照，并挂遮光度50％遮阳网进行遮阴，以保证鲜菜的脆嫩。升温后大叶芹芽便开始萌动，10 天左右新叶展开，以后便开始抽茎生长。12 月末株高可达 15cm 左右，进入翌年 1 月气温偏低，要特别注意夜间保温，白天气温不高于 30℃，多蓄热，夜间温度尽可能控制在 12℃以上，最好不要低于 5℃。期间偶遇恶劣天气，即使夜间温度低至－10～－7℃，植株也不会被冻死，不必加温。

（4）采收　2 月上旬鲜菜长至 30cm 左右时，用刀在距植株基部 2～3cm 处平割，注意不要拔苗采收，也不宜留茬过高。采收的鲜菜捆扎后上市销售。

（5）采后管理　收割后 10 天左右，新叶便可长出，以后仍按定植后的管理方法正常管理。4 月末采收终止期，将温室内栽培的大叶芹地上部分清理干净，667m^2 施腐熟的农家肥 3000kg，撒施床面，补足土壤水分，让其萌发，此时温度、水分、光照按以上标准管理，终霜期过后，揭去棚膜，留下遮阳网，定期除草，8 月下旬至 9 月中旬，要及时采收种子，采收种子时要随成熟采集，采收过晚种子将脱落，花期至成熟期较长，所以采收期也长。当绝大多数果实坚硬时，及时采收，以防脱落。采下的种子按前述方法及时处理，以备销售或用于扩大生产。9 月初撤掉遮阳网，11 月下旬扣棚膜、盖保温被等进行下一年的反季节生产。

为了充分利用温室，可结合根株培养，大行距套种豆类和瓜类等高架蔬菜，也可在大叶芹采收的终止期栽培芸豆或小型水果番茄。栽培番茄可选用樱桃番茄，植株高大，抗病性较强。提早育苗，1月末至2月初育苗，大叶芹采收终止期限栽培，每床边上栽1行，株距40cm，温室的前底角横栽1行，株距同上，株高可达3m，667m^{2}产2500kg以上，即可获得一部分效益，更主要的是为大叶芹的养根培肥起遮阴作用。

3. 塑料大棚大叶芹反季节栽培技术

搭建宽10m、长70m南北延长的塑料大棚骨架，深翻土地25cm左右，每667m^{2}施入腐熟优质农家肥2000kg左右，沿南北方向做6条长畦，畦长10～15m、宽1.3m、高15～20cm，畦间距30cm。大棚内沿南北方向架设2条微喷供水管带，距地面高度为40cm。

6月当幼苗高6～8cm时定植，定植方法同日光温室栽培。定植后喷透水，在棚外上挂遮光度50%遮阳网遮阳，以后注意浇水、除草。9月初撤掉遮阳网，11月初浇1次透水，以利越冬。大叶芹为多年生宿根植物，－35℃可安全越冬。生长期耐寒性较强，幼苗能耐－5～－4℃的低温，成株可耐－10～－7℃的低温，辽宁地区可在翌年春季2月上旬将地上部枯死茎叶清理干净后，用聚乙烯长寿膜扣膜。扣棚后，当地温升至7℃，气温3～6℃，大叶芹开始萌芽抽茎缓慢生长；当地温升至12℃，气温10℃以上时生长迅速。当中午棚内气温达到30℃时要及时放风降温，温度降至25℃以下时将放风口关闭，以利保持棚内温度、湿度。3月中下旬鲜菜长至30cm左右时可采收上市。为了提高鲜菜的品质，可在大棚外挂遮光度50%的遮阳网遮阳，以达到软化栽培的目的。为了调节上市时间，可在3月初扣膜，4月上中旬上市。采收后便可揭去棚膜，聚乙烯长寿膜可连续使用3年以上。

4. 塑料小拱棚大叶芹反季节栽培技术

采用塑料小拱棚反季节栽培大叶芹，整地做畦、定植与定植后管理与塑料大棚栽培基本相同。所不同的是，不用架设微喷供水管带。定植后浇透水并将小拱架搭设好，每个小拱架上覆盖宽 1.5m 的遮阳网（遮光度 50%）遮阳，视天气情况浇水，经常保持畦面湿润。9 月初撤掉遮阳网，11 月初浇 1 次越冬透水。翌年 3 月上旬清理枯死茎叶，浇透水后扣塑料膜升温，每隔 10 天左右，掀开拱棚一侧浇 1 次透水，浇完水后立即将塑料膜盖好，以利保温保湿。遇中午小拱棚内气温高达 30℃时，要将拱棚两端打开放风降温。当温度降到 25℃以下时再盖好塑料膜，以保持拱棚内的湿度。4 月中旬采收上市后，揭去塑料膜，保存好备来年春季继续使用。揭膜后盖上遮阳网（遮光度 50%）遮阳，翌年 3 月上旬再扣塑料膜进行下一轮生产。

大叶芹反季节栽培，均需要露地育苗（图 3-2），然后移栽定植，比直播栽培提早进入高产期。大叶芹为多年生植物，一次性定植后可维持多年。大叶芹在栽培期间除了叶面追施磷酸二氢钾液肥外，基本不使用化肥，保证了大叶芹的天然品质。

图 3-2 大叶芹栽培

（三）采收

大叶芹采收的标准是茎叶鲜嫩，当植株长到 15～20cm 时，即可采收上市（图 3-3，彩图）。若采收晚，菜的商品质量会下降，也变得纤维多。采收时，可用镰刀将够标准的植株从地表割下（图 3-4），按植株的长短分出等级，捆成小把（0.5～1.0kg）装箱上市，运输途中要注意保温，避免冻伤，影响品质。

从 12 月末至翌年 4 月末均可采收上市。冬季生产可采收 2～3 茬，每平方米产量可达 2～3kg。

图 3-3 大叶芹采收

（四）病虫害防治

大叶芹在正常栽培管理条件下很少发生病害，但在反季节栽培中，由于棚室湿度大，如果温度管理不当也有病害发生。大叶芹病害主要是叶斑病、霜霉病和晚疫病。虫害主要有地老虎、蝼蛄、蛴

图 3-4 采收后的大叶芹

螬，可采用毒饵诱杀。防治地蛆，可采用 50%辛硫磷乳油 2000 倍液灌根。

1. 病害

（1）叶斑病（斑枯病）

【症状】斑枯病多从叶缘、叶尖侵染发生，病斑由小到大不规则状，红褐色至灰褐色，病斑连片成大枯斑，干枯面积达叶片的 1/3~1/2，病斑边缘有一较病斑深的带；病健界限明显。后期在病斑上产生一些黑色小粒点。

【发病规律】斑枯病病菌在病叶上越冬，翌年在温度适宜时，病菌的孢子借风、雨传播到寄主植物上发生侵染。该病在 7～10 月均可发生。植株下部叶片发病重。高温多湿、通风不良均有利于病害的发生。植株生长势弱的发病较严重。

【防治方法】

a. 秋季彻底清除病落叶，并集中烧毁，减少翌年的侵染来源。

b. 加强栽培管理，控制病害的发生。栽植地要排水良好，土壤肥沃，增施有机肥料及磷、钾肥。控制栽植密度，使其通风透光，降低叶面湿度，减少侵染机会。改喷浇为滴灌或流水浇灌，减少病菌的传播。

c. 生长季节在发病严重的区域，从 6 月下旬发病初期到 10 月间，每隔 10 天左右喷 1 次药，连喷几次可有效防治。常用药剂有 1∶1∶100 倍的波尔多液、50％托布津 500～800 倍液、50％多菌灵可湿性粉剂 1000 倍（或 40％胶悬剂 600～800 倍）、50％苯莱特 1000～1500 倍、65％代森锌 500 倍液等，可供选用或交替使用。

（2）霜霉病

【症状】 霜霉病一般先从下部叶片开始发病，发病初期产生淡绿色水渍状小点，病斑边缘不明显，后期发展为黄色不规则病斑，湿度大时叶背产生灰白色霉层，逐渐变为深灰色。棚室内干旱时病叶逐渐变黄、干枯，空气湿度大时发病叶片霉烂。

【发病规律】 霜霉病菌为专性寄生菌，病菌以卵孢子在病株残叶内或以菌丝在被害寄主和种子上越冬。在发病温度范围内，多雨多雾，空气潮湿或田间湿度高，种植过密，株行间通风透光差，均易诱发霜霉病。一般重茬地块、浇水量过大的棚室，该病发病重。

【防治方法】

a. 重病田要实行 2～3 年轮作。施足腐熟的有机肥，提高植株抗病能力。

b. 合理密植，科学浇水，防止大水漫灌，以防病害随水流传播。加强放风，降低湿度。

c. 如发现被霜霉病菌侵染的病株，要及时拔除，带出田外烧毁或深埋，同时，撒施生石灰处理定植穴，防止病源扩散。收获时，彻底清除残株落叶，并将其带到田外深埋或烧毁。

d. 可以在发病初期用 75％百菌清可湿性粉剂 500 倍液喷雾，发病较重时用 58％甲霜灵·锰锌可湿性粉剂 500 倍液或 69％烯酰·锰锌可湿性粉剂 800 倍液喷雾。隔 7 天喷 1 次，连续防治 2～3 次，可有效控制霜霉病的蔓延。同时，可结合喷洒叶面肥和植物生长调节剂进行防治，效果更佳。

（3）晚疫病

【症状】 叶片染病多从下部叶片开始，形成暗绿色水渍状边缘不明显的病斑，扩大后呈褐色，湿度大时，叶背病斑交界处出现白霉，干燥时病部干枯，脆而易破。

【发病规律】低温、潮湿是该病发生的主要条件，温度在18～22℃、相对湿度在95%～100%时易流行。20～23℃时菌丝生长最快，借气流、雨水传播，偏施氮肥，底肥不足，连阴雨，光照不足，通风不良，浇水过多，密度过大利于发病。是一种多次重复侵染的流行性病害。

【防治方法】

a. 轮作换茬，防止连作。

b. 培育无病壮苗。病菌主要在土壤或病残体中越冬，因此，育苗土必须严格选用没有种植过茄科作物的土壤，提倡用营养钵、营养袋、穴盘等培育无病壮苗。

c. 加强田间管理，施足基肥，实行配方施肥，避免偏施氮肥，增施磷、钾肥。定植后要及时防除杂草。

d. 合理密植，可改善田间通风、透光条件，降低田间湿度，减轻病害的发生。

e. 治疗用药。发病初期，及时摘除病叶、病果及严重病枝，然后根据作物该时期并发病害情况，40%乙磷锰锌可湿性粉剂300倍液加嘧啶核苷类抗生素500倍液，5～7天用药1次，连用2～3次。

2. 虫害

蝼蛄（图3-5，彩图）。

图3-5 蝼蛄

【危害】 在土中咬食刚播的种子的幼芽，咬断幼苗的根茎或咬成乱麻状，使幼苗倒伏、枯死。蝼蛄在土壤表层穿行形成隧道，使幼苗根部与土壤分离，幼苗因缺乏肥水而枯死。

【防治方法】

a. 进行水旱轮作、精耕细作，施用充分腐熟的有机肥。

b. 毒饵诱杀。用谷秕煮熟拌上90%的敌百虫，撒于田畦面，播种沟内蝼蛄活动的隧道处。

c. 人工捕杀。早春根据蝼蛄造成的隧道虚口，查找虫窝进行捕杀。

d. 药剂方法。每667m^2用5%的辛硫磷颗粒剂1～1.5kg撒下地面，再耙入地里。

二、鸭儿芹

（一）概述

鸭儿芹，别名三叶芹、鸭脚板、鸭掌菜、野芹菜，隶属于伞形科鸭儿芹属，是一种多年生草本植物（图3-6，彩图）。

鸭儿芹营养丰富，每100g嫩茎叶含蛋白质2.7g、脂肪0.5g、碳水化合物9.0g、纤维素2.2g、钙338mg、磷46mg、铁20.1mg、胡萝卜素7.85mg、维生素B_1 0.06mg、维生素B_2 0.26mg、烟酸0.7mg、维生素C 33mg，必需矿物质元素钙和铁含量均高于一般蔬菜。鸭儿芹含有鸭芹烯、开加烯、开加醇等挥发油，具有清咽抗炎、消炎理气、活血化瘀、止痛止痒之功效；可调治虚弱劳累，消除无名肿毒，经常食用可增强人体免疫力。同时对感冒咳嗽、肺炎、肺脓肿、淋病、跌打损伤、风火牙痛，皮肤瘙痒等症有疗效。鸭儿芹含有以萜类化合物为主的挥发油类成分，如α-蒎烯、β-水芹烯等以及4.47%的总黄酮，总黄酮对由四氯化碳所致的急性肝脏损伤有保护作用，具有较高的药用价值和保健功能。鸭儿芹对调剂市场蔬菜品种、有机蔬菜的生产和创汇型农业的开发，都具有十分重要的意义，已成为国内外研究者关注、消费者欢迎的特色植物。

在我国主要分布于河北、安徽、江苏、浙江、福建、江西、广东、广西、湖北、湖南、山西、陕西、甘肃、四川、贵州、云南。通常生于海拔 200～2400m 的山地、山沟及林下较阴湿的地区。亦分布于朝鲜、日本。

图 3-6 鸭儿芹

1. 形态特征

多年生草本，高 20～100cm。主根短，侧根多数、细长。茎直立、光滑，有分枝。表面有时略带淡紫色。基生叶或上部叶有柄，叶柄长 5～20cm，叶鞘边缘膜质；叶片轮廓三角形至广卵形，长 2～14cm，宽 3～17cm，通常为 3 小叶；中间小叶片呈菱状倒卵形或心形，长 2～14cm，宽 1.5～10cm，顶端短尖，基部楔形；两侧小叶片斜倒卵形至长卵形，长 1.5～13cm，宽 1～7cm，近无柄，所有的小叶片边缘有不规则的尖锐重锯齿，表面绿色，背面淡绿色，两面叶脉隆起，最上部的茎生叶近无柄，小叶片呈卵状披针形至窄披针形，边缘有锯齿。复伞形花序呈圆锥状，花序梗不等长，总苞片1，呈线形或钻形，长4～10mm，宽0.5～1.5mm；伞辐2～3，不等长，长5～35mm；小总苞片1～3，长2～3mm，宽不及1mm。小伞形花序有花2～4；花柄极不等长；萼齿细小，呈三角形；花瓣白色，倒卵形，长1～1.2mm，宽约1mm，顶端有内折的小舌片；花丝短于花瓣，花药卵圆形，长约0.3mm；花柱基圆锥形，花柱短，直立。分生果线状长圆形，长4～6mm，宽2～2.5mm，合生面略收缩，胚乳腹面近平直，每棱槽内有油管1～3，合生面油管4。花期4～5月，果期6～10月。

2. 对环境条件的要求

喜冷凉气候，植物耐寒性强，在寒冷地带也能安全越冬，种子8℃即可萌发，适宜发芽温度20℃，生长适宜温度为15～22℃。温度超过30℃生长不良。如果在生长期受到连续高温影响，地上部分易老化，影响鸭儿芹的商品性能和品质。

鸭儿芹属于长日照蔬菜，喜中等光照强度，光补偿点为1000lx，光饱和点为20000lx，仅为芹菜的1/2。如果在光照较强的夏季栽培，需要进行适当遮阴，或与其他高棵作物间作。对土壤要求不严格，喜潮湿，不耐旱，适生于土壤肥沃、有机质丰富、结构疏松、通气良好、环境阴湿，pH值6～7的微酸性砂质壤土中。夏季要加盖遮阳网。

(二) 栽培关键技术

1. 种苗繁育技术

(1) 无性繁殖

① 分株繁殖。在距离地面5～6cm处剪去地上茎，然后将植株连根挖起，分割成几个单株，使每一分株均带有一定根系，栽植后成苗率较高。分株繁殖的时间一般以4～5月较合适。

② 地下茎繁殖。挖取野外生长的地下茎，去掉老茎和老根，

截成约 5cm 长，按株距 10cm 埋于定植沟内，覆土厚约 2cm，此法可常年进行。每 667m^2约需地下根茎 150kg。

③ 自繁。利用鸭儿芹自繁能力强的特点，在上年采收时适当留些母株，让其种子自然散布在母株周围，这种方法较简单，省工且产量较高，但一般第二年 3～4 月间才能萌发让其自行繁殖生长。

(2) 有性繁殖　鸭儿芹种子于 9～10 月采收，种子提纯后于冷凉通风、干燥处可贮藏 2～3 年。其种子几乎无休眠期，采后即可播种。播种前用 45℃温水浸种 24h，发芽率得到明显提高。

春季露地栽培应在地温稳定在 5℃以上时播种，辽宁地区 3 月下旬至 4 月上旬播种，需覆盖黑色地膜保温、保湿；日光温室栽培不受季节限制，一般在 10 月中下旬扣膜播种。

鸭儿芹育苗直播应准备 15cm 厚营养土，耙平床土，浇透底水。先将种子与少许细沙或细土拌匀，撒播或条播于畦，播种量 10g/m^2左右。条播行距 4～5cm，细土覆盖 0.3～0.5cm 厚，以盖住种子为度，然后覆盖地膜，保持床温 20～25℃。10～15 天后陆续出苗，选择阴天或晴天傍晚撤掉地膜。在苗期，鸭儿芹生长缓慢，要加强光照管理，保持土壤湿润，防止发生猝倒病或立枯病。温度白天控制在 20～30℃，夜间 15～20℃，最低气温不低于 10℃。2～3 片真叶时需间苗，并除草。当植株展开 3～4 片真叶，株高 8～10cm 时定植。早春定植前进行秧苗锻炼 5～7 天。苗龄 50～60 天。

鸭儿芹的营养液温室栽培的播种方法分为两种，一种是将种子播在装有蛭石、珍珠岩和菇渣混合基质的 128 孔穴盘上，每孔 4～6 粒种子；另一种方法是将海绵切成长 2cm、宽 2cm、高 3cm 的小块，上面挖一小孔，每孔播入 4～6 粒种子。穴盘和海绵块均放在栽培床上，定时接受循环供液。营养液温室栽培，温室周年可收 8 茬以上。

2. 日光温室鸭儿芹反季节栽培技术

(1) 整地做畦　选择有机质含量多、蓄水保肥能力强、pH 值 6～7 的土壤。定植前翻地，深度 20～25cm，同时施腐熟优质有机肥 3～4kg/m^2、磷酸二氢铵 25g/m^2 或腐熟农家肥 0.3～0.5kg/m^2，然后耙平、做畦。畦宽 80～100cm，定植 6～8 行，行距 10cm，株距 8～10cm。浇足定植水，定植宜选择晴天上午进行。

（2）定植与田间管理　将畦面耙平，按行距 10cm、穴距 10cm，每穴 3 株进行定植。定植后喷水，适当提高室温，白天 25～28℃，夜间 20℃左右。2 天后缓苗，此时降低室温，白天控制在 20～25℃，夜间 10℃左右。东北野生鸭儿芹喜湿润环境，每 5 天左右喷 1 次透水，施用速效氮肥（0.5kg 尿素加 100kg 水）进行第 1 次追肥，以后每 2 周追施 1 次。每次采收后均要追肥 1 次，以保证鸭儿芹的产量和品质。

为了提高东北野生鸭儿芹的品质，要适当控制光照，以达到软化栽培的目的。采用挂遮阳网（遮光度 50％～60％）遮阴；每茬收割后，间隔 15 天每平方米撒施有机肥 1～2kg。在生长中后期，要及时清除茎基部的黄化叶片和老化枝叶，拔除早期未熟抽薹的植株及株间的杂草。

鸭儿芹田间栽培（图 3-7，彩图）。

图 3-7　鸭儿芹田间栽培

（3）采收　采摘分嫩株全株采收和分期嫩茎叶采收两种。当苗高 15～20cm，颜色鲜绿色时即可采收，距地面 2～3cm 处平割，不可伤到生长点。分期嫩茎叶采收一般每隔 1 个月可采收 1 次。叶片分支后进入花芽分化时期，不宜采收。

3. 塑料大棚鸭儿芹反季节栽培技术

(1) 整地做畦　东北野生鸭儿芹塑料大棚栽培采用露地育苗移栽方式。搭建宽 10m、长 70m 南北延长的塑料大棚。深翻土地 30cm 左右，每 667m^2 施入腐熟优质农家肥 3000kg，沿南北方向做 6 条长畦，畦宽 1.3m，畦埂宽 30cm。大棚内沿南北方向架设 2 条微喷供水管带，距地面高度为 35～40cm。

(2) 定植与田间管理　6 月当幼苗高 8cm 左右时定植，定植方法同日光温室栽培。定植后喷水，在棚架上挂遮阳网（遮光度 50%～60%）遮阴，注意除草。追肥方法同日光温室栽培。8 月初采收第 1 茬，9 月中旬采收第 2 茬，10 月下旬至 11 月上旬采收第 3 茬。东北野生鸭儿芹为多年生宿根植物，露地可安全越冬。翌年 2 月底至 3 月初扣膜（辽宁南部地区），春夏秋季生产从第 2 年开始，每年可连续采收 5～6 茬，每 667m^2 年产量高达 5000～6000kg。棚膜冬季可不揭去，待翌年春季修整后继续使用，采用聚乙烯长寿膜可连续使用 3 年。夏季气温较高，需要进行遮光处理。

（三）采收

当苗高 15～20cm 时，用刀在距植株基部 2～3cm 处平割，注意不要割掉生长点，留茬也不宜过高。采收的东北野生鸭儿芹按每 500g 扎 1 捆上市销售。日光温室栽培一般定植后每 45 天可采收 1 茬，每年可连续采收 8～10 茬，每 667m^2 每茬可采收 1000kg，冬春季价格为 8～10 元/kg，夏秋季价格为 5～6 元/kg，经济效益相当可观。

（四）病虫害防治

东北野生鸭儿芹栽培期间极少发生病害。夏季生产有时会发生斑枯病，主要虫害为蚜虫（图3-8，彩图）和白粉虱。斑枯病防治可用65%代森锰锌可湿性粉剂600～800倍液叶面喷雾。蚜虫可用10%吡虫啉可湿性粉剂6000倍液叶面喷雾；白粉虱可用2.5%溴氰菊酯乳2000～2500倍液喷雾。

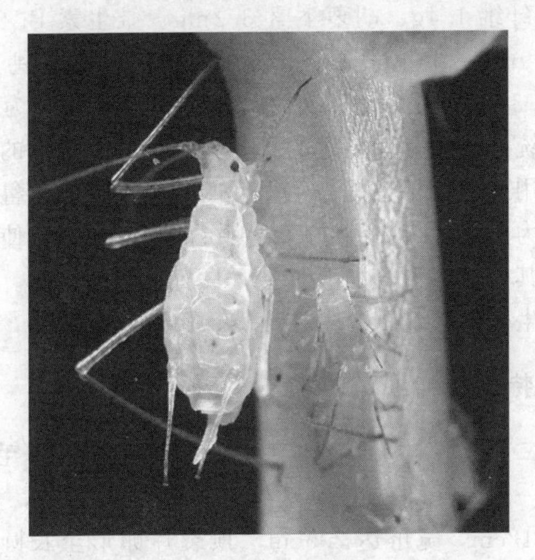

图3-8 蚜虫

三、荠菜

（一）概述

荠菜，又名护生草、稻根子草、地菜、小鸡草、地米菜、菱闸菜、花紫菜等，地方上叫香荠，北方也叫白花菜、黑心菜，瑶家叫禾杆菜，河南、湖北等地区叫地菜，河北有些地方俗称小烧饼、白菜花，南京人又称磕头菜。十字花科荠属，一年或二年生草本植物。是一种人们喜爱的可食用野菜。

荠菜起源于东欧和小亚细亚，目前在世界各地都很常见。其拉丁种名来自拉丁语，意思是小盒子、“牧人的钱包”，是形容它的角果形状像牧人的钱包，英语名称就是“牧人的钱包”。荠菜的营养价值很高，食用方法多种多样，具有很高的药用价值，具有和脾、利水、止血、明目的功效，常用于治疗产后出血、痢疾、水肿、肠炎、胃溃疡、感冒发热、目赤肿疼等症。

据测定，每100g鲜重食用部分含有蛋白质5.3g、脂肪0.4g、糖类6g、粗纤维1.4g、胡萝卜素3.2mg、维生素B_1 0.14mg、维生素B_2 0.19mg、维生素C 55mg、烟酸0.7mg、钙420mg、磷73mg、铁6.3mg。人工栽培以板叶荠菜和散叶荠菜为主，冬末春初均可。传统习俗则是在特定的日子吃鲜美的荠菜煮的鸡蛋。荠菜味道鲜美，用来包饺子也是一个很好的选择，在山东鲁南地区（以滕州使用最为广泛）有一种叫做菜煎饼的小吃，经常使用荠菜作为一种材料与其他材料混合加上鸡蛋，具有良好的口感。

荠菜野生，偶有栽培。生在山坡、田边及路旁。

1. 形态特征

一年或二年生草本，高10～50cm，无毛、有单毛或分叉毛；茎直立，单一或从下部分枝。基生叶丛生呈莲座状，大头羽状分裂，长可达12cm，宽可达2.5cm，顶裂片卵形至长圆形，长5～30mm，宽2～20mm，侧裂片3～8对，长圆形至卵形，长5～15mm，顶端渐尖，浅裂或有不规则粗锯齿或近全缘，叶柄长5～40mm；茎生叶窄披针形或披针形，长5～6.5mm，宽2～15mm，基部箭形，抱茎，边缘有缺刻或锯齿。总状花序顶生及腋生，果期延长达20cm；花梗长3～8mm；萼片长圆形，长1.5～2mm；花瓣白色（图3-9，彩图），卵形，长2～3mm，有短爪。短角果倒三角形或倒心状三角形（图3-10，彩图），长5～8mm，宽4～7mm，扁平，无毛，顶端微凹，裂瓣具网脉；花柱长约0.5mm；果梗长5～15mm。种子2行，长椭圆形，长约1mm，浅褐色。花果期4～6月。

2. 对环境条件的要求

荠菜要求冷凉和湿润的气候。种子发芽适宜温度20～25℃，生长适宜温度12～20℃，气温15℃左右植株生长迅速，播后30天

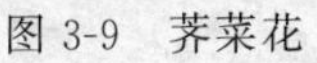

图 3-9 荠菜花

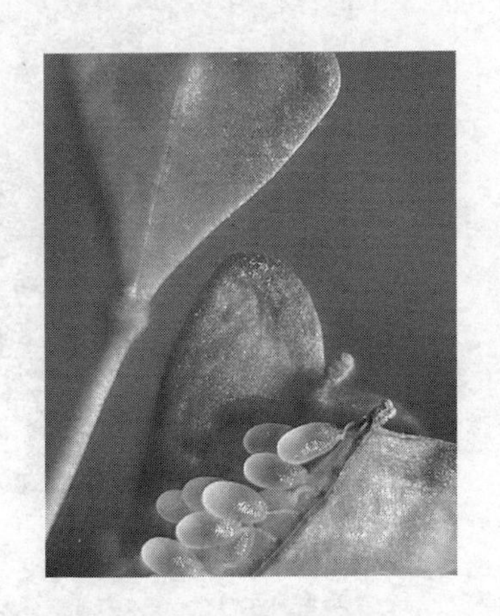

图 3-10 荠菜果实

即可开始收获。低于 10℃、高于 22℃时生长缓慢，品质较差。荠菜耐寒性强，在－5℃时植株不受害，可忍受－7.5℃的短期低温。在 2～5℃低温下，经 10～20 天通过春化，即抽薹开花。荠菜对土壤要求不严，但肥沃、疏松的土壤能使荠菜生长旺盛，叶片肥嫩，品质好。

（二）栽培关键技术

1. 品种选择

（1）板叶荠菜（图 3-11，彩图） 又名大叶荠菜，植株塌地生长，叶片浅绿色、大而较厚，叶长 10cm、宽 2.5cm，有 18 片叶左右。耐寒也耐热，早熟，生长快，播后 30～60 天可收获。每 667m^2 可产 2500kg。外观商品性好，但香气不够浓郁，冬性弱，易抽薹。

（2）花叶荠菜（图 3-12，彩图） 又名小叶荠菜、碎荠菜，植株塌地生长，叶窄较短小，长约 8cm、宽约 2cm，叶绿色，有 20 片左右。遇低温后叶色转深，并带紫色，较耐寒、耐旱，冬性强，播后 40 天收获，香气浓郁，生长较慢，抽薹开花期较板叶荠菜迟半个月左右，虽产量较低，但可延长供应时间。目前栽培较少。

图 3-11 板叶荠菜

图 3-12 花叶荠菜

2. 日光温室荠菜反季节栽培技术

（1）整地做畦 荠菜对土壤要求不太严格，但在肥沃、疏松的黏质壤土上生长较好。因荠菜种子细小，接触到肥料时易影响发芽，故播种前应进行精细整地。随整地每平方米施入 2000～3000kg 经充分腐熟的细碎猪粪或人粪，一般不用化肥作基肥。先深翻、细耙2～3遍，整平后做成高10～15cm、宽100～120cm的小高畦，温室栽培为便于管理，多采用南北向作畦。

（2）播种时间及方式

① 播种时间。温室栽培多在10月中下旬即在前茬收获后播种。

② 播种方式。荠菜种子有休眠期，一般采用沙培处理。在播种前30天左右，将荠菜种子用温水（35～40℃）浸泡至种子充分吸水膨胀。然后取出，加入种子倍量的干净河沙，洒入适量的水使种沙的含水量在60%～65%，置于0～7℃的低温环境下存放。在沙培的过程中，要经常翻动种沙，使其上下的水分均匀一致。如果发现种沙缺水，要及时补充。在播种前1周左右，将种沙取出，放在温度为20～25℃环境条件下，几天后，种子便可以萌发出芽，此时应立即播种。

荠菜均为直播栽培，可采用条播或撒播方式。条播时，每畦开5道顺畦向等距离宽播种沟；沿沟先浇1次透水，待水渗后播种，播幅5～6cm，然后盖约1cm厚的细土，再整平畦面，稍加压以利保墒。采用撒播时，先从畦面取出1cm厚表土堆在畦的一端，搂平畦面浇透底水，水渗后均匀撒播种子；再从第二畦取土盖第一畦，盖土厚约1cm，然后搂平第二畦浇透底水，水渗后均匀撒种，再从第三畦取土盖第二畦，依次类推，最后一畦播种完毕时，用第一畦取出的表土均匀覆盖。也可畦面播种后从畦埂或畦沟取土覆盖，播后盖地膜。由于荠菜种子较小，为使播种均匀，播前可将种子拌和2～3倍细土。同时，播后切忌用齿耙耙畦面，以免影响出苗，每667m^2播种量为1～2kg。

（3）田间管理

① 温度管理。温室栽培荠菜，播后出苗前保持白天室温20～25℃，不高于25℃，夜间10～12℃即可出苗。夏季或早秋播种荠菜，凡有条件的最好能采用遮阳网搭棚遮阳，无此条件的，播后也应用芦席、帘子或麦秆等物薄覆畦面，保持表土湿润。全苗后，及时揭去覆盖物。

在出苗70%左右时应揭去地膜，出苗后为防止幼苗徒长，温室内温度可降至白天15～20℃，高于22℃应及时放风，夜间8～10℃。

② 水肥管理。出苗前后要小水勤浇或用喷壶喷洒畦面，以保持地面湿润，防止土壤板结而影响出苗。同时为促进出苗和苗齐、苗壮。荠菜出苗后，应及早浅锄1～2次，以利促根壮苗；由于荠菜植株较小，与杂草混生，除草困难，也比较费工，所以发现杂草应尽早拔除。

冬季由于地温低，因此要减少浇水次数，当幼苗长有2～3片真叶时，应进行第1次追肥，每667m^2随水冲施氮磷钾三元素复合肥12～15kg或经腐熟的稀薄人粪尿1500kg，10～15天后进行第2次追肥，每667m^2施用硫酸铵10～15kg。以后每收获1次，追肥1次，同时施肥量可适当增加。最后1次追肥宜在收获前7～10天进行。温室栽培荠菜，在出苗后40天左右，长出10～16片叶时，可结合疏苗陆续进行采收。每15～20天采收1次，可采收3～4次，一般667m^2产2000kg左右。

(4) 套种间作　在温室内，冬春茬果菜类可与荠菜套种间作(图3-13)。实践证明，荠菜分布于植株高大蔬菜的底层空间，可

图3-13　荠菜田间栽培

有效提高群体光能利用率，而且荠菜对土壤营养成分消耗少，其他蔬菜可充分利用地力，从而达到高产、高效之目的。

① 与茄果类蔬菜间作。春季先按春播荠菜要求撒播荠菜，然后按辣椒、茄子、番茄的株行距或稍稀定植茄果类蔬菜。

② 与大蒜间作。先种大蒜，然后在栽培大蒜的田间均匀撒播荠菜。

③ 与青菜间作。先撒播荠菜，然后在荠菜地里定植青菜。

④ 采收。温室中栽培荠菜，在出苗后40天左右，长出10～16片叶时，可结合疏苗陆续进行采收。一般用2.5cm宽的小斜刀挑采荠菜，为了提高产量和整齐度，延长供应期，采收时宜掌握收大留小的原则，细收勤收，但需灵活掌握。苗子稀的地方即使大一些的苗子也适当晚收；苗子稠处即使小些也应及早采收，以利剩下的荠菜容易发棵生长，提高总产量。这样可以充分利用土地，保持生长均匀，每15～20天采收1次，可采收3～4次，折合每667m^{2}产商品鲜荠菜1500～2000kg，同时采收后应去掉泥土和枯、黄叶，根部保留2～3cm其余截去，以利经销商加工外销。

3. 塑料大、中棚荠菜反季节栽培技术

(1) 播种时间　大棚栽培10月播种，第2年的2月下旬至3月上旬即可收获，也可以进行早春大棚栽培，头一年的11月“埋头”或2月播种，3月底到4月上旬收获。

(2) 播种方式　土壤深翻20cm左右，精耕细耙，做到土壤疏松，无泥土块。同时整畦待播。播前1周施底肥，每667m^{2}施优质有机肥2666～3000kg。播后用铁锹在畦面轻拍一遍，让种子和泥土充分接触，以利种子吸水，提早出苗。遇旱及时浇水，畦面保持湿润，并要扣棚、保温。

(3) 田间管理　出苗前后要不断地浇水，一般采用喷壶洒浇，使土壤保持湿润，利于出苗和生长。出苗后，幼苗2片真叶时，进行第1次追肥，每667m^{2}施极稀薄的腐熟人粪尿1500kg或硫酸铵10～15kg；第2次在采收前1周追肥，肥量同第1次；以后每采收1次，追肥1次，结合浇水，以水促肥，每667m^{2}施用尿素10kg。

由于冬季北方地区气温低，要注意防霜冻。一般在10月下旬盖薄膜，棚两边设置围裙，以便于通风，棚温超过22℃时，应卷起围裙降温，当温度低于－4℃时，应在荠菜畦面扣小拱棚，覆一层旧膜保温。

（4）采收　冬季荠菜具有10～13片真叶即可采收。1次播种，多次采收。采收时，要尽量拣大留小，采密留稀；密集处小苗也要采，稀疏处大苗也要留，以提高产量。一般每667m^2产量可达2000kg。大棚荠菜一般在12月可上市，元旦前后可集中供应市场。第2次集中采收控制在春节前后为宜。

4. 塑料小拱棚荠菜反季节栽培技术

小拱棚栽培可进行“埋头”栽培，在前1年土壤封冻前播种，露地越冬，第2年春季种子萌发生长。

（1）播种时间　如播种过早，种子在冬前就发芽出苗，出苗后由于温度低，苗子生长极慢，越冬期因苗小根浅易受冻害；如播种过迟，土壤已开始封冻，整地及播种质量差，覆土不严，种子和土壤不密接，翌年春季就出苗不齐，缺苗多。当土壤尚未封冻时播种较为适宜。播种后不久土壤就封冻，种子可以在土壤中安全越冬，翌年春暖后发芽出苗。如根据气象资料决定播种适期，可在冬季日平均气温下降到2～4℃时播种。

（2）播种方式　撒施腐熟圈粪做基肥，翻地，使肥料与土壤充分混合。整平土面后，做1.4m的平畦，准备播种。播种量应适当增加，用干子播种，如播种已发芽的种子，越冬期间易受冻。最好采取条播，按行距10cm左右开沟，沟深3～4cm。条播种子后覆土。播种时如果土壤潮湿，覆土后需要待地表稍干后再压实，以免土壤板结。

（3）田间管理　北方地区2月上旬开始扣小拱棚，种子开始发芽，这时不可用大水漫灌，以免地温降低，土壤板结，妨碍出苗。待长出2片真叶后，生长速度加快，可以开始灌水追肥，促使叶部加速生长。未施基肥的，第1次随灌水施尿素10kg左右或硫铵20kg左右，半个月以后，追1次肥；施过基肥的，可根据生长情况，适当减少追肥的量和次数。第1次灌水后，土壤要经常保持湿润。到4月份即可将拱棚撤除，进入露地生产。

（4）留种 选择肥力适中、历年无草害和排水良好的田块建立留种田。播种适期在气温为25℃以下，即北方地区9月下旬或10月上旬播种较好。播种宜稍稀，每667m²播种量为0.75～1kg，要播得均匀，要增施磷、钾肥，控制氮肥，及时灭蚜，控制病毒病发生。一般追肥2次，即苗期1次，开花前1次，以促进种子饱满。年前要注意除草和间苗，做到幼苗互不拥挤，均衡生长；年后要再次间苗除草。抽薹时拔除抽薹早的植株，最后定苗，株行距为12cm×12cm。要适时采收，当种荚七八分成熟，即种子老熟转金色时，就应马上收割，就地晒1h后，搓出种子，带荚壳在通风处晾干、扬净，贮藏备用。之后摊开在薄膜上，加以揉搓，筛出种子，良好的种子呈橘红色，干后贮藏备用，每667m²可产种15～20kg，只要能贮藏好，使用期限为2～3年。

（三）采收

春播和夏播的荠菜，从播种到采收，一般为30～50天；采收1～2次。秋播的荠菜是1次播种，多次采收，为提高产量，延长供应期，采收时应做到细收勤收，密处多收，稀处少收，使留下的荠菜平衡生长。

（四）病虫害防治

温室栽培荠菜主要发生霜霉病和蚜虫。可在荠菜出苗后20天左右，发生前采用64%杀毒矾可湿性粉剂800倍液或25%甲霜灵可湿性粉剂1000倍液喷洒预防。发病初期可用72%普力克水剂800倍液进行防控，效果较明显。蚜虫可在为害初期或点片发生阶段用50%辟蚜雾可湿性粉剂200倍液或10%吡虫啉可湿性粉剂1000倍液进行防治。同时，可结合药剂防治进行人工摘除病株或带病茎叶。但是不管防病还是治虫均应在采收前15～20天停止施药，以防增加农药残留而影响商品荠菜品质。此外，也可在浇水追肥后的当晚用45%百菌清烟剂及时进行熏杀防治，不仅可有效预防霜毒病等病害，而且可明显降低荠菜中农药残留量。

四、苋菜

（一）概述

苋菜原名苋，别名雁来红、老少年、老来少、三色苋，苋科苋属一年生草本，茎粗壮，绿色或红色，常分枝，幼时有毛或无毛。亦称为凫葵、蟹菜、荇菜、莕菜。有些地方又名红蘑虎、云香菜、云天菜等。苋菜茎叶作为蔬菜食用；叶杂有各种颜色者供观赏；根、果实及全草入药，有明目、利大小便、去寒热的功效。苋菜菜身软滑而菜味浓，入口甘香，能补气、清热、明目、滑胎、利大小肠，且对牙齿和骨骼的生长可起到促进作用，并能维持正常的心肌活动，防止肌肉痉挛。还具有促进凝血、增加血红蛋白含量并提高携氧能力、促进造血等功能。苋菜富含膳食纤维，常食可以减肥轻身，促进排毒。

苋菜每100g鲜重含水分90.1g、蛋白质1.8g、脂肪0.3g、碳水化合物5.4g、粗纤维0.8g、灰分1.6g、胡萝卜素1.95mg、烟酸1.1mg、维生素C 28mg、钙180mg、磷46mg、铁3.4mg、钾577mg、钠23mg、镁87.7mg、氯160mg。同时常吃苋菜可增强体质，有“长寿菜”之称。苋菜能促进儿童生长发育，其铁、钙的含量高于菠菜，为鲜蔬菜中的佼佼者。亦适宜于贫血患者、妇女和老年人食用。

苋菜原产中国、印度及东南亚等地，中国自古就将其作为野菜食用。苋菜作为蔬菜栽培以中国与印度居多，中国南方又比北方多，在中国的南方各地均有一些品质优、营养高的苋菜品种，因苋菜的抗性强、易生长、耐旱、耐湿、耐高温，加之很少发生病虫害，故苋菜不论是在中国还是国外，都渐渐被人们所认识，而得到发展。

1. 形态特征

一年生草本，高80～150cm；茎粗壮，绿色或红色，常分枝，幼时有毛或无毛。叶片卵形、菱状卵形或披针形，长4～10cm，宽2～7cm，绿色或常呈红色、紫色或黄色，或部分绿色夹杂其他颜色，顶端圆钝或尖凹，具凸尖，基部楔形，全缘或波状缘，无毛；叶柄长2～6cm，绿色或红色。花簇腋生，直到下部叶，或同时具顶生花簇，成下垂的穗状花序；花簇球形（图3-14，彩图），直径5～15mm，雄花和雌花混生；苞片及小苞片卵状披针形，长2.5～3mm，透明，顶端有1长芒尖，背面具1绿色或红色隆起中脉；花被片矩圆形，长3～4mm，绿色或黄绿色，顶端有1长芒尖，背面具1绿色或紫色隆起中脉；雄蕊比花被片长或短。胞果卵状矩圆形，长2～2.5mm，环状横裂，包裹在宿存花被片内。种子近圆形或倒卵形，直径约1mm，黑色或黑棕色，边缘钝。花期5～8月，果期7～9月。

图3-14 苋菜的花

2. 对环境条件要求

苋菜性喜温暖，耐热力较强，不耐寒冷。生长适温23～27℃，20℃以下生长缓慢，温度过高，茎部纤维化程度高。10℃以下的温度条件，种子发芽困难。

苋菜是一种高温短日照作物，在高温短日照条件下极易开花结籽。在气温适宜日照较长的春夏季栽培，抽薹迟，品质柔嫩，产量高。

苋菜对土壤适应性较强，以偏碱性土壤生长较好。苋菜具有较强的抗旱能力，但水分充足时，叶片柔嫩，品质好。苋菜不耐涝，要求土壤有排灌条件。另外土壤肥沃有利获得高产。

（二）栽培关键技术

1. 品种选择

苋菜除野苋和籽用苋外，培养苋菜品种很多。依叶形可分为圆叶种和尖叶种。圆叶种叶圆形或卵圆形，叶面常皱缩，生长较慢，成熟期较晚，但产量高，品质好，开花抽薹晚。尖叶种叶披针形或长卵圆形，先端尖，植株生长较快，早熟，但产量低，品质较差。苋菜一般以叶的颜色分为绿苋、红苋、彩苋 3 种。

（1）绿苋（图 3-15，彩图） 叶和叶柄绿色或黄绿色，叶面平展，株高 30cm 左右，食用时口感较红苋和彩苋硬。耐热性较强，适于春季和秋季栽培。

图 3-15　绿苋

① 上海白米苋。上海农家品种，叶卵圆形，先端钝圆，叶面微皱，叶及叶柄黄绿色；较晚熟，耐热力强，适春播或秋播。

② 广州柳叶苋。广州农家品种，叶披针形，先端锐尖，边缘向上卷曲成匙形，叶绿色，叶柄绿白色，耐寒和耐热力较强。

③ 南京木耳苋。南京农家品种，叶片较小，卵圆形，叶深绿发乌，有皱褶。

(2) 红苋（图 3-16，彩图） 叶片、叶柄及茎均为紫红色。株高 30cm 以下，叶面微皱，叶肉厚。食用时口感较绿苋绵软，耐热性中等。生长期 30～40 天，适于春秋栽培。

图 3-16 红苋

① 重庆大红袍。重庆农家品种，叶卵圆形，叶面微皱、蜡红色，叶背紫红色，叶柄淡紫红色。早熟，耐旱力强。

② 广州红苋。广州农家品种，叶卵圆形，先端锐尖，叶面微皱，叶片、叶柄红色，晚熟，耐热力较强。

③ 昆明红苋。昆明农家品种，茎直立、紫红色，分枝多，叶卵圆形，叶面微皱、紫红色。

(3) 彩苋（图 3-17，彩图） 茎部绿色，叶边缘绿色，叶脉附近紫红色，或在叶片上半部或下部镶嵌有红色或紫红色的斑块，叶面稍皱，株高 30cm 左右。早熟，耐寒性较强，春播约 50 天采收，夏播约30天采收。适于早春栽培。

图3-17 彩苋

① 上海尖叶红米苋。上海农家品种，叶长卵形，先端锐尖，叶面微皱，叶边缘绿色，叶脉附近紫红色，叶柄红色带绿，较早熟，耐热性中等。

② 广州尖叶花红苋。广州农家品种，叶长卵形，先端锐尖，叶面较平，叶边缘绿色，叶脉附近红色，叶柄红绿色，早熟，耐寒力强。

2. 日光温室苋菜反季节栽培技术

（1）栽培季节　苋菜为叶用菜，生长快，因此可在塑料大棚或节能日光温室春、秋、冬栽培；塑料小棚春、夏、秋栽培。北方地区日光温室在2月播种，可在4月上中旬上市；在6月中旬至7月中旬分期播种，其生长快，采收早，可在8～9月蔬菜淡季供应；在11月中下旬播种，春节前后上市。苋菜生长期短，植株较矮，适于密植，可在主作物茄果类、瓜类、豆类蔬菜中间间作或边沿种植，充分利用土地，提早供应。

（2）整地作畦　采收幼苗、嫩茎和叶的一般进行撒播，播种前深耕15cm，每667m^{2}施入腐熟的有机肥1500～2000kg。整地作畦的质量要求较高，畦面土壤必须细碎平整，否则影响出苗率和出苗整齐度。畦宽1～1.2m，畦间挖宽25～30cm、深18～22cm的沟，畦面整细整平，上虚下实。

（3）播种　播种前要浇足底水，水渗下后，撒底土，再播种。早春播种，气温低，出苗差，播种量宜大，每667m^2播种量3～5kg。晚春或晚秋播种，每667m^2播种量2kg。夏季及早秋播种，气温较高，出苗快且好，每667m^2播种量1～2kg。以采收嫩茎为主的，要进行育苗移栽，株行距30cm。

（4）田间管理　春播苋菜，由于气温较低，播种后7～12天出苗，夏秋播的苋菜，只需3～5天出苗。出苗后应及时除草，并加强水肥管理，保持土壤湿润。在盛夏高温期，还需覆盖遮阳网进行降温保湿，做到昼盖夜揭，创造有利于苋菜生长的适温环境，并有利于提高产量和改善品质。当幼苗2～3片真叶时，进行第1次追肥，12天后进行第2次追肥；当第1次采收苋菜后，进行第3次追肥；以后每采收1次，应追1次粪，每次每667m^2施尿素5～10kg。春季和秋冬气温低时，可追施稀薄的粪稀，春季栽培的苋菜，浇水不宜过大，夏秋季栽培时要注意适当灌水，以利生长。加强肥水管理是苋菜高产优质的主要措施。水肥跟不上，幼苗生长缓慢，容易抽薹开花，产量低，品质差。苋菜田间杂草较多，每次采收后，需要及时将田间杂草拔除（图3-18，彩图）。

图3-18　苋菜田间栽培

3. 大、中棚苋菜反季节生产技术

（1）播种时间　播种时期为3月下旬至4月上旬，当室内10℃，地温稳定在8℃时进行；播种后如果是单层膜覆盖，最低气温要稳定在10℃时才能播种，若播种后采用双层膜（大、中棚外加内扣小拱棚）覆盖；可在5℃时播种。播种最好选在寒潮的尾期、暖潮刚来时的晴天上午进行，播种后如有几个晴好天气有利于地温的回升，促进出苗。大、中棚多采用平畦撒播或条播的栽培方式，播种后为促进地温的回升，最好采用地膜覆盖的方式，其播种方法与露地栽培基本相同。

（2）田间管理　播种后立即闭棚提高温度，温度低时在棚内要临时搭设小拱棚，当棚内的气温达40℃时也不必放风，尽量白天积蓄较多的热量，如果夜间温度低要在棚的四周围草苫以进行保温。其他如温度、水肥等与温室栽培基本相同。当外界气温升高，小拱棚栽培要在终霜去掉薄膜进入露地管理阶段，大、中棚栽培要在最低气温在15℃时进行昼夜通风；当气温逐渐回升进入高温期，要将棚顶部的塑料卷到肩部固定，并撤掉四周的围裙，利用顶部的塑料进行遮阴栽培。高温期要加强肥水管理，进入中秋，当夜温降至15℃时，要将围裙上好，并将顶部塑料放下，进行秋延后生产，直到上冻为止。

4. 塑料小拱棚苋菜反季节生产技术

利用塑料小拱棚进行反季节生产可以达到提早上市的目的，可比露地提早1个月左右，当最低外界气温在0℃以上，地表化冻达10cm时即可整地播种。选择地势平坦、向阳、背风的地整地、施肥、做畦、播种，和温室相同，播种后地面覆盖地插上骨架，覆盖塑料薄膜做成小拱棚，有条件的可以在小拱捌外覆盖草帘等覆盖物进行保温，白天撤掉覆盖物提高温度，夜晚再盖上，当有50%左右出苗时要撤掉地膜。

（三）采收

苋菜是1次播种，多次采收的叶菜。春播苋菜在播种40～45

天，株高10～12cm，具有5～6片真叶时开始采收。第1次采收结合间苗，拔出过密、生长较大的苗；第2次采收用镰刀进行割收，保留基部5cm左右。待侧枝长到12～15cm时，进行第3次采收。春播苋菜667m^{2}产量为1200～1500kg。夏、秋播种的苋菜，一般在播后30天开始采收，生产上只采收1～2次，667m^{2}产量在1000kg左右。在采收前15天可追施2～3次腐熟人粪尿，在后期，追肥主要用速效氮肥，并及时浇水。否则急速开花结实，影响品质和产量。

（四）病虫害防治

1. 病害

（1）白锈病

【症状】苋菜白锈病主要危害叶片，发病初期，叶片的正面出现点状病斑（图3-19，彩图），淡黄绿色至黄色，后渐发展为凹陷小黄斑，不规则形，叶片背面产生白色疱状孢子堆，圆形至不定形，疱状孢子堆破裂散出白色孢子囊。严重时疱斑密布叶上或联合，叶片凹凸不平，易引起叶片脱落。茎秆被害时肿胀畸形，比正常茎增粗1～1.5倍。

图3-19 苋菜白锈病

【发病规律】低温多雨、昼夜温差大、露水重、连作或偏施氮肥、植株过密、地势低、排水不良田块发病重。

【防治方法】最好与禾本科实行2～3年轮作，选择抗病品种，播种前用新高脂膜拌种能驱避地下病虫，隔离病毒感染，不影响萌发吸胀功能，加强呼吸强度，提高种子发芽率；同时最好采用条播或垄作，严格控制撒播密度，有利于防止白锈病发生。

苋菜生长期及时清理、疏除过密株，以利通风、排渍和降湿；合理灌溉，宜小水勤浇，不宜大水漫灌；采用配方施肥，注意增施磷、钾肥，避免偏施氮肥，以增强植株抗逆性，并及时喷施壮茎灵使植物秆茎粗壮、叶片肥大，提高苋菜抗病力，提高苋菜天然品味。

药剂防治，发病初期应喷施50%甲霜铜可湿性粉剂600～700倍液等针对性药剂进行防治，每5～7天喷1次，连续2～3次，但注意在采收前15～20天停止用药，在喷施药剂时喷施使用新高脂膜800倍液提高药剂有效成分利用率，巩固防治效果。

同时，每次采收后当天不可立即喷药，以免在苋菜植株伤口处产生斑块而影响商品外观。

（2）炭疽病

【症状】苋菜炭疽病主要为害叶片和茎。叶片染病初生暗绿色水浸状小斑点，后扩大为灰褐色，直径2～4mm，病斑圆形，边缘褐色，略微隆起，病斑数目少则十几个，多的可达20～30个，严重的病斑融合，致叶片早枯，病斑上生有黑色小粒点。湿度大时，病部溢出黏状物，即病原菌的分生孢子盘和分生孢子。茎部染病，病斑褐色，长椭圆形略凹陷。

【发病规律】病菌主要以菌丝体或分生孢子在病残体和种子上越冬。翌春条件适宜时产生分生孢子，通过雨水飞溅或冲刷进行传播和蔓延，气温28～32℃、多雨利于该病发生和流行，种植过密、偏施速效氮肥、通风透光不良发病重。

【防治方法】

a. 合理轮作，选用抗病品种，及时清沟排渍，减少雨后田间的积水，同时在播种前深翻晒土，结合深翻施足基肥，做平畦，要求做到地平、土细，以利出苗。

b. 加强田间管理，在苋菜生长期应合理施肥、科学浇水，及时中耕除草，提高植株抗病力，并在生长阶段适时喷施壮茎灵使植物秆茎粗壮、叶片肥大，提高苋菜抗病力，减少农药、化肥用量，降低残毒，提高苋菜天然品味。

c. 药剂防治。发病初期根据植保要求喷施70%多菌灵可湿性粉剂500倍液、36%甲基硫菌灵悬浮剂500倍液等针对性药剂进行防治。

(3) 褐斑病

【症状】主要为害叶片。叶片病斑圆形至不定形，黄褐色，后病斑中部褪为灰褐色至灰白色，病健部分界明晰，病斑两面均可见密生小黑点（图3-20，彩图）。

图3-20 苋菜褐斑病

【发病规律】病菌以菌丝体和分生孢子器在病株上或遗落土中的病残体上越冬，翌春病菌产生分生孢子进行初侵染，病部上分生孢子器不断产生分生孢子，通过风雨传播，进行多次再侵染，病害得以蔓延扩大。发病条件参见苋菜炭疽病。

【防治方法】发病初期喷50%的扑海因可湿性粉剂1000～1500倍液或70%的代森锰锌可湿性粉剂500～700倍液，可用75%百菌清可湿性粉剂500～600倍液。每隔7～10天喷1次即可。

(4) 病毒病

【症状】苋菜病毒病可使苋菜全株受害。由千日红病毒（GoV）和黄瓜花叶病毒（CMV）单独或复合侵染所引起。发病初期病株明显矮缩。迟发病的病株叶片皱缩或卷曲，叶面不平展，有的出现轻花叶，叶色浓淡不均斑驳状，有的出现坏死斑点。

【发病规律】蚜虫是植物病毒的主要传播者。有的种类只传播一种病毒，也有的可传播多种病毒；还有某一种病毒由多种蚜虫传播的。高温、干旱、蚜虫为害重、植株长势弱、重茬等，易引起该病的发生，可通过摩擦、打杈、绑架等作业时接触传播，也可通过蚜虫、机械传播。

【防治方法】

a. 选择通风良好，远离萝卜、黄瓜的地块，及时清洁田园，铲除田间杂草、彻底拔除前茬作物病株，喷施消毒药剂加新高脂膜800倍液对土壤进行消毒处理，选择抗病品种，播种前用新高脂膜拌种，驱避地下害虫，隔离病毒感染，提高种子发芽率。

b. 加强田间管理，遇有春旱或秋旱要多浇水，减少发病率；并及时增施磷、钾肥，增强植株抗病力，同时在苋菜生长阶段适时喷施壮茎灵使植物秆茎粗壮、叶片肥大，提高苋菜抗病力，减少农药化肥用量，降低残毒，提高苋菜天然品味。

c. 药剂防治，发现病株随即拔除并妥善处理，拔除病株后用肥皂水洗手，以防农事操作时发生液汁传染，并根据植保要求喷施针对性药剂进行防治，同时配合喷施新高脂膜800倍液增强药效，提高药剂有效成分利用率，巩固防治效果。

2. 虫害

(1) 根结线虫病

【危害】苋菜地上部表现矮小，生长衰弱，叶色变浅。晴天中午或干旱时，植株呈现萎蔫症状。扒开土壤可见根上已产生大小不等的瘤状物（图3-21，彩图）。

【防治方法】

a. 发病重的地区或田块，收获后要及时清除病残体，集中烧毁或深埋。

b. 也可以与百合科蔬菜进行轮作，或实行水旱轮作。

c. 严重的可用杀线虫剂处理土壤。在播种或定植时，沟施或

图 3-22　轮叶党参的花

图 3-23　轮叶党参的果实

2. 对环境条件要求

轮叶党参属直根系植物（图 3-24，彩图），根系发达，因此要
土壤肥沃、土层深厚、质地疏松、排水条件良好、pH 值在
~6.5 的冲积土，参区可选择参后地，否则会发生畸形根，降

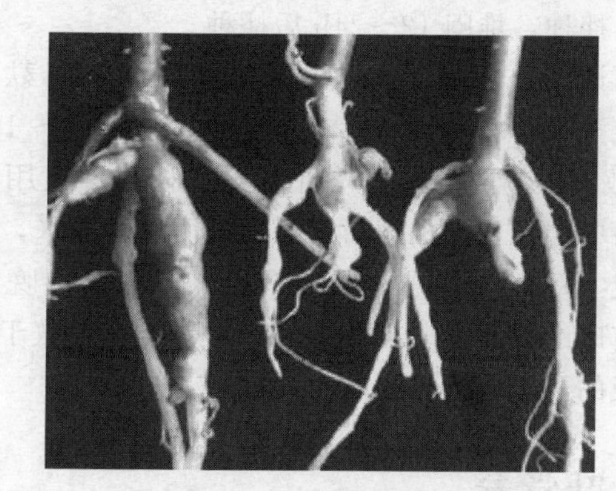

图 3-21　苋菜根结线虫

穴施 10%力螨库颗粒剂，每公顷用药 75kg。在生长期间，也可用甲基异柳磷乳剂 200 倍液灌根 1～2 次。

（2）蝼蛄

【危害】在土中咬食刚播的种子的幼芽，咬断幼苗的根茎或咬成乱麻状，使幼苗倒伏、枯死。蝼蛄在土壤表层穿行形成隧道，使幼苗根部与土壤分离，幼苗缺乏肥水而枯死。

【防治方法】

a. 农业防治。深翻土壤、精耕细作造成不利蝼蛄生存的环境，减轻危害；夏收后，及时翻地，破坏蝼蛄的产卵场所；施用腐熟的有机肥料，不施用未腐熟的肥料；在蝼蛄危害期，追施碳酸氢铵等化肥，散出的氨气对蝼蛄有一定驱避作用；秋收后，进行大水灌地，使向深层迁移的蝼蛄，被迫向上迁移，在结冻前深翻，把翻上地表的害虫冻死；实行合理轮作，改良盐碱地，有条件的地区实行水旱轮作，可消灭大量蝼蛄、减轻危害。

b. 灯光诱杀。蝼蛄发生危害期，在田边或村庄利用黑光灯、白炽灯诱杀成虫，以减少田间虫口密度。

c. 人工捕杀。结合田间操作，对新拱起的蝼蛄隧道，采用人工挖洞捕杀虫、卵。

d. 药剂防治。

（a）种子处理。播种前，用 50%辛硫磷乳油，按种子重量

0.1%～0.2%拌种，堆闷12～24h后播种。

(b) 毒饵诱杀。常用的是敌百虫毒饵，先将麦麸、豆饼、秕谷、棉籽饼或玉米碎粒等炒香，按饵料重量0.5%～1%的比例加入90%晶体敌百虫制成毒饵，先将90%晶体敌百虫用少量温水溶解，倒入饵料中拌匀，再根据饵料干湿程度加适量水，拌至用手一攥稍出水即成。每667m²施毒饵1.5～2.5kg，于傍晚时撒在已出苗的菜地或苗床的表土上，或随播种、移栽定植时撒于播种沟或定植穴内。制成的毒饵限当日撒施。

五、轮叶党参

(一) 概述

轮叶党参，又名山胡萝卜、羊乳、山海螺、山地瓜等。它为桔梗科党参属多年生蔓生草本植物，具有较高药用价值和食用价值。以根、茎、叶食用为主，亦可入药，属药、食兼用型，富含皂苷，味甘、辛，性平。有消肿、排脓、祛痰、催乳、补血之功能。用于肿痛、肠痛、乳少、白带多等症。《本草纲目》中记载：山胡萝卜以根入药，有补虚润肺、通乳排脓、解毒疗疮之功效，主治身体虚弱、乳汁不足、肺脓肿、乳腺炎、淋巴结核及虫、蛇蛟伤等症。据现代医学和植物化学研究，所含的黄酮苷、芹菜素、木犀草等黄酮类成分，不仅在解毒、抗肝素、防辐射等方面有重要的作用，而且有抗癌活性。在制药工业方面是解毒剂中成药的主要成分，除含有药用成分外，尚含有多种对人体有益的营养成分，如淀粉、糖、纤维、B族维生素、胡萝卜素、17种人体必需氨基酸及丰富的Ca、P、Fe矿物质等。是集营养、保健、医药为一身的山野菜之精品，必选健康食材。是我国出口韩国、日本、美国的山菜之王。由于近几年国内外收购量增加使野生轮叶党参采挖过度，资源严重不足，有的地区面临绝迹，进行人工栽培已势在必行。

轮叶党参是营养价值很高的野菜之一，含有丰富的多糖、脂肪、蛋白质、多种维生素、氨基酸和许多微量元素。其中，每100g鲜根中含粗蛋白11.89g、粗脂肪3.83g、碳水化合物482g。经农业部特种经济动植物及产品质量监督检验测试中心测定，轮叶党参含有天冬氨酸（4.4g/kg）、赖氨酸（2.6g/kg）、谷氨酸（17.4g/kg）、丙氨酸（24.1g/kg）等17种氨基酸，含Ca（1586.4mg/kg）、Mg（2196mg/kg）、Zn（29.4mg/kg）、Fe（139.66mg/kg）等多种微量元素。可见，轮叶党参中人体必需微量元素的含量在126种中草药微量元素含量范围之上限，维生素的含量也都在较高的水平上。

轮叶党参产于东北、华北、华东和中南各省区。俄罗斯、朝鲜、日本也有分布。生于山地灌木林下沟边阴湿地区或阔叶林内。模式标本采自日本。

1. 形态特征

轮叶党参植株全体光滑无毛或茎叶偶疏生柔毛。茎基略近于圆锥状或圆柱状，表面有多数瘤状茎痕，根常肥大呈纺锤状而有少数细小侧根，长10～20cm，直径1～6cm，表面灰黄色，近上部有稀疏环纹，而下部则疏生横长皮孔。茎缠绕，长约1m，直径3～4mm，常有多数短细分枝，黄绿而微带紫色。叶在主茎上互生，披针形或菱状狭卵形，细小，长0.8～1.4cm，宽3～7mm；在枝顶端通常2～4叶簇生，而近于对生或轮生状，叶柄短小，[illegible]5mm，叶片菱状卵形、狭卵形或椭圆形，长3～10cm，宽[illegible]4.5cm，顶端尖或钝，基部渐狭，通常全缘或有疏波状锯[illegible]绿色，下面灰绿色，叶脉明显。花（图3-22，彩图）单[illegible]于小枝顶端；花梗长1～9cm；花萼贴生至子房中部，[illegible]裂片卵状三角形，长1.3～3cm，宽0.5～1cm，端尖[illegible]阔钟状，长2～4cm，直径2～3.5cm，浅裂，裂片[illegible]长0.5～1cm，黄绿色或乳白色内有紫色斑；花盘[illegible]花丝钻状，基部微扩大，长4～6mm，花药3～[illegible]蒴果下部半球状，上部有喙，直径2～2.5cm（[illegible]子多数，卵形，有翼，细小，棕色。花果期7[illegible]

低品质。

图 3-24 轮叶党参的根系

（二）栽培关键技术

1. 种苗繁育技术

目前，轮叶党参的生产方式主要是以种子繁殖，也可以采用组织培养育苗。

（1）种子繁殖

① 利用种子繁育，投入的成本小，繁殖的倍率高，易于大面积种植。而且种源易取，管理技术简单易行。生产过程是苗床育苗—大田定植—培育商品。

轮叶党参种子的成熟期在 9 月的上、中旬。种子成熟是由根茎的基部向顶端逐步成熟的，其采收的时间在 25～30 天。采收时应分期分批多次进行，随成熟随采收。种子成熟后，果壳便自然开裂。采收应及时进行，避免种子散落。种子成熟的特征是果壳呈浅黄色，果壳中部的包皮略张开，扒开果壳，种子的颜色呈浅黄色，压破种皮，种胚内没有白色浆液流出。这时便可采收。

采收后的果壳，放在日光下自然晒干。晒干后的果壳会自然开裂，种子落下，清除杂质，装入透气的布袋中，置于通风、干燥的地方保存。选种及种子处理应选择无病害的种子，以防止种子带菌，影响出苗及苗的生长。选择经过几代进化的种子。这样的种子适应性强，生长快，出苗率和保苗率都高，抗病力及抗逆性都远远高于未经进化的种子。选择粒大及籽粒饱满的种子。由于人工选种，质量和品质均佳，而这些正是出苗率和保苗率的关键和前提，也是提高产量创造高产的基础。因此，我们选种一定要慎重，尽量到专门从事种子研究的单位和个人购种。不能盲目乱购，造成不应有的损失。用专用生物肥拌种，在播种前将种子与生物肥拌均匀，再播，发芽率可达90%左右，根的产量可提高60%。

② 种子处理。为了使种子出芽整齐，提高出芽率，在播种前应对种子进行催芽处理。其方法是在播种前的6～7天，将种子放入60℃的温水中浸泡24h，后用纱布滤干水分，再放入清水中清洗数次，拌入2倍量的河沙，搅拌均匀，并洒入少量的水，使种沙的含水量保持在60%左右，放在25℃左右的温度条件下，每天翻动1次，5～6天，种子裂口，这时便可播种。另外还可以采取沙培的处理方法，即在播种前50～60天，将种子洗净后沥干水分，拌入2倍的干净河沙，洒水，使种沙的含水量在60%左右，装入透气的布袋中，放入地窖中，使温度保持在2～7℃存放，并经常翻动，使种沙内的水分均匀一致。在播种前1周取出，置于20℃左右的温度条件下，见其种皮开裂便可播种。

(2) 组培繁殖　种子常规消毒灭菌后，接种到MS+800mg/L GA_3的培养基上，使其萌发获得无菌苗。选择生长健壮、高5cm以上的无菌苗，将其叶片切成0.25cm^2大小接种到MS+0.5mg/L 2,4-D+1.0mg/L 6-BA+0.5mg/L KT的愈伤组织诱导培养基上，2周后，在切口周围逐渐形成黄绿色、质地紧密的愈伤组织，继续培养。大多数培养基上都能观察到愈伤组织。将愈伤组织转接到MS+0.75mg/L 6-BA+0.5mg/L NAA上进行继代培养。愈伤组织生长迅速，质地紧密，增殖系数达9.5以上。将愈伤组织转接到1/2 MS+0.5mg/L 6-BA+0.2mg/L NAA上，在每天光照16h的条件下，4周后，愈伤组织分化。当再生苗长至3.0～4.0cm时，切割成单苗转入MS+0.2mg/L MA+0.2mg/L NAA的培养基上，15天后，芽基部开始产生白色小突起，然后迅速长成具有浓密根毛的白色根。

2. 日光温室轮叶党参反季节栽培技术

冬季反季节生产轮叶党参时，要掌握好扣膜的时间，应在当年的霜冻前进行。

（1）播种育苗　轮叶党参生产的过程是种子育苗—幼苗定植—形成商品。一般情况下，完成这样一个周期所需用的时间为 2 年以上。定植的时间有春季定植和秋季定植。一般多采用春季定植。

播种前要选择饱满均匀、个头较大、具有光泽、褐色、手感好的种子，保证培养健壮的幼苗。

选择肥沃的沙壤土整地做育苗床。为了防止苗期发生病害，在翻地的同时，可将 50％多菌灵可湿性粉剂撒在苗床上，每 667m^2 用量在 2～3kg。

先灌足底水，将提前处理好的种子进行撒播，一般用种子和细沙按 1∶4 混匀后进行播种，上面覆盖 2cm 厚的细土。种子入土后到幼苗出土之前这一时期，应始终保持床土的潮湿，使土壤的湿度在 55％左右。要小水勤浇，不可大水漫灌。每次浇水量以地表层土以下 5cm 处有潮湿土为宜。如遇到高温干旱的天气，更应及时补充水分。浇水应在早晨或傍晚进行。白天温度控制在 25℃，夜间温度控制在 15℃，在温度、水分等条件适宜的情况下，7～10 天，幼苗便可长出地表，需要 10～15 天能发芽整齐。

轮叶党参的幼苗期间应采取必要的遮光措施，如拉遮阳网，在床畦的两端钉入高 1m 的木桩。上面铺横杆，支起网架，将透光率为 50％的遮阳网放在网架上面，两端系好。这种方法遮光效果好，但较费工时，原料成本也较高。或者种植高棵植物，即在种子播种的同时，在床畦的两端种植如玉米、向日葵、高粱等高棵农作物来遮光，这种方法简单易行，又能兼得，是非常经济实用的一种遮光措施。

出苗（图 3-25，彩图）后要严格控制温度，避免秧苗徒长。苗期一般不用追肥，如果缺肥，可叶面喷施 0.2％的尿素和磷酸二氢钾进行补充。苗期要做好定植前的炼苗，当小苗出土后 40～50

天，即可移栽。

图 3-25　轮叶党参田间栽培

（2）整地做畦　首先将温室清理干净，收拾出前茬作物的残枝败叶，清除杂草。然后对土壤进行深翻。然后做畦，温室生产轮叶党参时采用南北方向移栽，在经过深翻整平的田块上，沿南北朝向，按 150cm 的床距打好直线，沿直线挖定植沟，沟宽 40cm、深 40～50cm。每 667m^2 用 2000kg 农家肥和 15kg 复合肥拌土填入沟内。

（3）定植　起苗前畦面先浇一遍水，沿苗行间用铁铲分割成方块，带土将小苗起出。起苗时，应从苗床的一侧挖掘，应尽力避免伤根。起出的幼苗应随时整理，除掉病苗，并按其大小分类，分批定植。如不能及时定植，需放在冷凉、潮湿的环境保存。秋季起苗，应随起随栽，不宜存放到来年春天定植，以免因保存不当而造成腐烂。

为了提高成活率，定植前用 5mg/L 赤霉素处理根系 24h。按株距 25cm 植于沟中，然后扣棚保温，进入 10 月后，随着外界温度的降低，轮叶党参进入生长的缓慢期。对于当年的轮叶党参，要及时扣膜保温。如果是 2 年以上的，其进入 10 月后，地上部分逐渐干枯死亡，扣膜前将干枯的地上茎和其他杂质清除干净。

(4) 温室管理　根据轮叶党参的生长特点，白天温度高可以进行揭膜通风，夜间覆盖保温，使温度白天维持在25℃左右，夜间最低温度保持不低于5℃。进入11月下旬后，应根据天气情况适当早揭晚盖保温被，白天减少通风时间和次数。

① 中耕除草。出苗后开始松土除草。当株高5～10cm时结合除草，并培土，以免芦头露出地面。同时查苗补缺，间苗，可随间，随补栽，栽后浇水。封垄以后不必再中耕与除草。松土宜浅，避免伤根。

② 浇水。前期依据植株长势浇1～2次水，防止植株徒长。随着采收量的增加，逐渐提高浇水量和浇水次数，一般7～10天1次。

③ 追肥。随着土壤营养的消耗，后期应及时补充肥料，可随水追施速效氮肥15kg左右，喷施叶面肥1～2次。

④ 支架。当苗高20cm左右时搭架，以使茎蔓攀架生长。搭架方法可根据当地具体条件灵活掌握，就地取材，越实用越好，最好是每4根绑成一缚，既利于茎蔓缠绕，又起到稳固作用，加大通风、透光度，增加光合作用面积，生长旺盛，能提高抗病能力，提高根和种子产量。采用大垄定植的幼苗，可用长度为1.5m的细木条或竹条支架。采用床畦定植的幼苗除用细木条和竹条外，还可以在床畦的两端埋入木桩，用细铁线拉网引蔓。

⑤ 摘蕾、打蔓、喷三效唑。当轮叶党参花蕾形成时，除留种田外，开花前要摘除花蕾，剪去1/3主蔓，喷三效唑，减少地上部分营养消耗，促使根部快速生长，提高产量。

3. 塑料大、中棚轮叶党参反季节栽培技术

塑料大、中棚反季节栽培可以提早轮叶党参的上市时间，增加农民的经济效益。

(1) 地块选择　选择2年生以上的参田做保护地栽培。这样的地块因为培养的时间长，所以产量较高。3年以上的参田虽然产量也好，但因为前期培养时间长而导致效益不是特别高。

（2）田间管理　秋季的植株主要是贮备足够的营养，为来年春季生长打下基础，所以重施秋发复壮肥。一般每 667m^2 施圈肥 4000kg 以上、复合肥 30～50kg、磷肥 50kg，追肥 2～3 次。这样的植株健壮，衰老延迟，光合作用增强。

进入 12 月中下旬以后轮叶党参植株枯死，及时做好彻底清园工作，将枯枝、残叶、杂草全部清除，并增施 1 次有机肥，每 667m^2 施圈肥 2000kg，沿畦两边根部边缘开沟施入，可起到增温保温、减轻冻害、促使党参早出的效果。

12 月中下旬，冬季清园后，根据情况适时搭盖大棚。

早春田间管理主要是保温工作，晚上温度较低，为避免出土受冻，应在拱棚四周加盖草苫等保温材料；白天增加透光性提高质量。后期，若温度较高时，可在晴天的中午适当卷膜通风换气。保持土壤疏松和湿润。大棚四周要开好排水沟，避免积水，造成烂根。等 5、6 月后，气温已高，可拆卸膜。

4. 塑料小拱棚轮叶党参反季节栽培技术

塑料小拱棚反季节栽培轮叶党参的方法和塑料大棚的方法相类似。但小拱棚的保温能力差，所以春季要加强保温工作，尤其要注意扣膜时间，一般在春季土壤化冻后马上进行。定植初期要密闭保温，一般不放风。终霜期过后，早晨或者傍晚撤掉小拱棚。

（三）采收

轮叶党参栽种 2～3 年后即可收获。采收于春季或秋季进行，春收于出芽前，秋收于下霜后。一般每 667m^2 产 200kg。

采收后堆放于窖中，用湿沙埋好，温度保持在 1～4℃，并适当通风。

（四）病虫害防治

主要病害有锈病和根腐病。对于锈病，发病初期即可用 25% 粉锈宁 1000 倍液喷洒，每隔 7～10 天 1 次，连续喷 2～3 次。对根腐病，发病期用 1∶1∶120 波尔多液喷洒或灌根，7 天 1 次，连喷几次，或用50%多菌灵500倍液浇灌病区。

主要虫害有蛴螬（图3-26，彩图）、蝼蛄、小地老虎（图3-27，彩图）等。新种植地宜于定植前晒田，消灭地下害虫。定植后的地，可以浇灌90%敌百虫1000～1500倍液，或用毒饵诱杀。

图3-26　蛴螬

图3-27　小地老虎

六、紫苏

（一）概述

紫苏又叫桂荏、赤苏等，为唇形科紫苏属一年生草本植物，原产于中国和泰国，后传入日、韩、俄等周边国家。紫苏在我国已有2000多年的栽培历史，其根、茎、叶和种子均可入药，李时珍的《本草纲目》中有详细记载。紫苏的嫩枝、嫩叶具特异芳香，有杀菌、防腐和解毒的作用。紫苏在日本被驯化、改良，近几年由日本园艺专家成功引入中国，并在江苏、上海、北京、云南、山东等地推广种植，产品全部返销日本，作调味佐料和蔬菜食用，市场供不应求，是优良的出口创汇蔬菜。

1. 形态特征

紫苏根为须根，主要根群分布在10～15cm深的耕层内，横向扩散最大范围10～15cm，紫苏是耐移植的植物。紫苏幼苗茎为草质，随着生长，木质化程度加强，成株后为较粗壮的木质茎，直立性强，易发侧枝，茎秆为四棱。单叶对生，呈椭圆形，柄长，叶缘浅裂，锯齿状。叶片的上下表面具有表皮毛，紫苏单个叶面积大，蒸腾耗水量大，叶片随植株的长高，叶片厚度逐渐变小。前期千片重约2.5kg，后期重约1.5kg，每株在整个生长期内可采收11～14对叶片。花白色，个体较小。种子为不正球形，种皮为灰色至褐色。种子千粒重为2～4g，紫苏种子有明显的生理休眠期，休眠期为120天，易用低温处理，打破休眠。

2. 对环境条件要求

紫苏既耐高温又抗低温，适宜的生长温度为20～25℃，露地及保护地均可栽培。紫苏为典型的短日照植物，在光照时数小于13h时，促进其生殖生长。紫苏具有较耐高温的生态特点，因紫苏蒸腾能力强，根系浅吸收水分能力弱，因而喜湿，对土壤水分要求较高。紫苏适宜大多数土壤，喜氮钾肥。

（二）栽培关键技术

1. 种苗繁育技术

（1）育苗棚的准备　育苗棚一般应设置三个区域，即播种区、移栽区、工作区。播种区可以用砖和水泥板砌成许多个100～120cm宽、30～35cm深的播种床，床内铺上25～30cm的大田熟土或腐殖土，浇透水分待用。移栽区一般采用120～150cm宽的活动铁架，上面排放50穴的育苗盘。工作区主要是工人进行配制培养土、装盘、配药等作业。播种区和移栽区的面积大致相等。

育苗棚应配备良好的设施。一般全棚要覆盖65%～75%遮光率的遮阳网。喷水装置采用自动的、手工的都可以，只要喷出的水比较细、压力不大就可以。电照设置在播种床和移栽床上方100cm左右，前后左右间隔2.8～3.0m，必须设置一个60W的电照灯。有条件时还可以配上水帘和风机，以备夏季高温季节育苗棚降温使用。

(2) 播种　浸种1～2天后，沥干水催芽一昼夜，待种子刚发出一点点的芽，拌上细土均匀撒在播种床上，然后在上面撒上薄薄的一层草炭，再用薄板轻轻压一压，最后再盖上一层粗草席，在其上面充分浇水。

(3) 苗期管理　种子全部发芽要5～7天，在这期间每天都要浇水，如白天高温达到30℃以上时，需用遮阳网，防止强光射入。种子全部发芽后要及时拿去草席，进行电照。子叶长出后，如果过密，可分1～2次适当间苗，努力促成苗健康成长。如果床土肥沃的话，不必追肥，否则，苗会疯长，软弱，移栽以后长势变弱，对幼苗初期生长不利。播种后，经25～35天（夏季25天左右，冬季35天左右），真叶长出2～4片时进行移栽。

(4) 移栽　首先将草炭和蛭石按2∶1的比例充分混合均匀，配制时一般还加入一定量的纯鸡粪和杀菌剂，混合均匀后装入50穴的育苗盘，浇好水待用。移栽时，尽量将大小基本一致的苗移在同一育苗盆，每穴一棵。以后2～3天遮阳，每天浇透水。青紫苏移栽苗具有成活率高、节间短、苗长得齐整的优点。

2. 日光温室紫苏反季节栽培技术

(1) 整地施肥　选择阳光充足、生态条件良好、远离污染源、并具有可持续生产能力的农业生产区域的日光温室种植，由于紫苏株高可达2m，则要求温室高度应大于3m。另外，日光温室要有良好的保温效果，同时，通电通水条件齐全。每667m^2施腐熟有机肥3000kg和尿素15kg作基肥，深耕晒白，翻耕细耙，保证土壤细碎、疏松、平整，筑畦宽80cm，沟宽30cm、沟深20cm。

（2）温室消毒　由于叶用紫苏以鲜叶为食用器官，则对病虫害以及农药残留有严格的限制。因此，为减少病虫害发生和危害，降低农药使用量，对用来栽植紫苏的日光温室要进行整体消毒处理，土壤消毒采用太阳能消毒法，时间为6～7月。每667m^2地撒施1000kg麦秸和4000～5000kg圈粪，再撒施100kg石灰氮，旋耕3遍，做成面宽30cm、沟底宽30cm、高25cm的高畦，灌足水，盖上地膜和棚膜，高温高湿闷棚30天，可将残存在土壤中的病原体、虫原体及草籽全部杀死。在去除消毒用的棚膜前，在温室内用高锰酸钾和甲醛熏蒸，进行墙壁及棚架消毒。

（3）定植及定植后管理　播种后35天左右，苗高3～4cm、有4片真叶时，选择晴天移栽。移栽前，畦面灌足水后排干，用食指和拇指轻握苗木基部轻轻插入土中，并使苗木直立，入土深度1～2cm即可。采用双行定植，株距30cm、行距30～40cm，每667m^2基本苗数为6000～7000株。

（4）田间管理　定植后，土壤蒸发量大，要加盖遮阳网，为保持土壤湿度，每天要滴灌30min。定植成活后马上中耕除草，然后盖上黑地膜，并破膜提苗。要根据气候情况扣棚膜，盖膜前再用消毒剂对室内地面、墙壁、门、弓杆、电线进行彻底消毒，消毒后马上盖棚膜，留上下通风口，通风口用防虫网封好。在温室门口铺设生石灰隔离带，10月中旬开始，夜间加盖保温被。栽培期间，通过放风和保温调节室内温湿度，一般白天适温25℃左右、夜间适温15℃左右，适宜湿度为80%左右。根据土壤湿度适时浇水，每20天追施1次氮、磷、钾复合肥，每次5kg。每天补充光照，进入11月补光时间调整为16：30～24：00，以每天不低于16h光照为原则。每周喷施1次生物性药剂，预防病虫害发生和危害，如叶面喷施能分解虫卵及真菌孢子体壁的甲壳素、低毒的BT和500倍的多抗霉素等。紫苏要及时摘心，保留前期不同方向生长的3个健康侧芽培养成侧枝，其余侧芽全部摘除，以免消耗养分，当侧枝7～8片叶片时也要及时摘心，促进分枝生长和防止植株进入生殖生长，以提高叶片产量和质量（图3-28，彩图）。平时管理要随时摘除老叶、黄叶、病叶及畸形叶片，以减少养分损失和减轻病害发生。

图3-28 紫苏田间栽培

（5）采收 紫苏叶质量标准要求很高，叶片宽度在5～8cm，分大、中、小3个等级，要求叶片不带有任何有毒有害物质，无虫卵、无病斑，叶片要完整、无畸形、有光泽、无机械伤害等，因此，在采收期，一般每天上午由有经验的专业人员戴手套、用专业工具采收叶片，经专职人员验收合格后送保鲜库（温度3～7℃，湿度80%）保存。出口紫苏要求分级包装，经精检，去除不合格叶片，再按叶片大小分级，每10张叶用橡皮圈扎成1束，每5束合格产品包装编号后再送保鲜库，准备出口。产品运输要由清洁卫生的专用保鲜车运送。

3. 塑料大棚紫苏反季节栽培技术

紫苏可直播也可育苗移栽。大棚紫苏在10月中下旬播种，可条播也可穴播。出苗后按株距和行距均为15～20cm间苗或定苗。采用育苗移栽，在苗床撒播种子后，当幼苗长有1～2片真叶时进行间苗，株距和行距均为3～4cm。出苗后15～20天进行定植，株距和行距均为15～20cm，即每棚可栽2500～3000株，栽后及时浇水。

（1）苗床准备　紫苏育苗应在专用苗棚内，苗棚进出口、通风口设防虫网。苗床用地应先挖宽90～120cm、长10m、深40cm的长沟，四周和沟底用砖垒砌和铺平，然后抹上水泥固定。填土时，苗床底层先填20cm厚的优质肥沃、无病虫的园土，然后将4份草炭、6份园土配成的营养土搅拌均匀铺在上层，厚度为10cm，整平待用。

（2）播种及苗床管理　播种前先用清水将种子在室温下浸泡24～48h，然后用湿毛巾包好催芽。经过1～2天种子大部分露白后，即可播种。播种量为每平方米1.5～2g。播种时，苗床先淋透水，水渗后将种子用少量细土拌匀，均匀撒于池面，然后用木板稍微镇压一下，再覆细草炭，厚度以刚盖住种子为宜。播后盖上薄膜保持床面湿润，床土相对含水量在90%以上。

（3）分苗　当小苗长至2对真叶时，开始分苗，将苗移栽到穴盘上，继续培养。穴盘基质由草炭（3份）、蛭石（7份）混合而成。当苗长出6～8片真叶、高10～15cm时即可定植。并用75%百菌清可湿性粉剂1000倍液或50%代森锰锌可湿性粉剂800倍液喷雾消毒。

（4）温湿度控制　育苗期间，棚内温度应保持在16～28℃，温度超过25℃时，应及时通风降温，夜间温度低于10℃，则要开暖炉加温。空气相对湿度应保持在60%～70%，湿度过小时应喷水增湿，湿度过大时应通风降湿。

（5）定植　定植前应先施肥整地，每667m²施土杂肥5000kg、有机生物肥200kg、复合肥50kg，混合撒入地面。施肥后，土壤深翻20～35cm，然后耙平起垄。垄高15～20cm，垄宽80cm，沟宽40cm，垄上铺设喷灌或滴灌塑料管，每垄2根。起垄完成后，关闭大棚进行高温闷棚48h。定植前先浇水，但不宜过多，以不粘定植铲为宜。

（6）大棚管理　紫苏在棚内生长是一个从高温到低温的生长过

程，前期生长较快，但杂草生长同样快。因此，必须及时除草，并追施一定数量的速效肥。当紫苏长有2～3片真叶时，每棚施尿素1.5～2.5kg，并叶面喷施0.1%磷酸二氢钾液2次。

紫苏分枝性强，平均每株分枝在15个以上。冬季大棚紫苏一般以收获嫩叶为主，因此可摘除已完成花芽分化的顶端，以维持茎叶旺盛生长。

8月中下旬至9月上中旬，大棚两头膜昼开夜关，以开为主；9下旬至10月上旬，根据天气情况和气温变化，大棚两头膜以关为主，适当通风换气；11月下旬至收获期，以保温防冻为主。如遇强低温天气，棚内可加盖小拱棚，但晴天中午仍应注意通风换气。

(三) 采收

当紫苏苗真叶长到第5对，即有10张叶片时（秋冬季长到第6对、有12张叶片时）开始收获主枝顶上1对叶片，顶上1对叶片收获后同时起到抑制顶端生长的作用，能促进下面侧枝的生长，当侧枝长至第4对时，开始采收侧枝叶（图3-29）。采收时注意手法，细心轻采，不能捏得太紧，叶柄尽可能留长些。采摘后叠整齐，叶面向下，叶背朝上，一层一层交替，小心轻放，装入塑料桶

图3-29 紫苏采收

内。采满后上面用湿布盖上，放在阴凉处，以防止叶片失水萎蔫。湿布以不滴水为好，并及时送到计量室称量，存入冷库。一般1周采叶2～3次，春、夏季因为温度高、生长快，采叶3次。冬季因为温度低、生长慢，采叶2次，平均每株采2片质量好的叶片。如果过多采摘，叶片会长得不整齐。每畦交叉采收，能做到每天均匀上市。一般种植1次可采收5～6个月。

（四）病虫害防治

1. 病害

（1）菌核病

【症状】叶片染病，初呈水浸状斑，后扩大成灰褐色近圆形大斑，边缘不明显，病部软腐，并产生白色棉絮状菌丝，发病严重时产生黑色鼠粪状菌核。

【发病规律】对水分要求较高，相对湿度要高于85%，温度在15～20℃利于菌核萌发和菌丝生长、侵入及子囊盘产生。在北方设施内一般在10月至次年2月发生，由于紫苏好水，而且冬季棚室内湿度高，利于菌核病的发生以及流行，因此，低温、湿度大或多雨雪的时期有利于该病发生和流行，菌核形成时间短，数量多，在低温时期需积极预防。

【防治方法】此病关键在于预防，一旦发现病株如遇温度20℃左右且湿度大时应高度警惕，及时喷药防治。

及时通风排湿，延长通风时间。特别在连绵阴雨时只要不下雨就应及时揭膜通风，降低湿度，并适当延长植株浇水间隔期。药剂防治，可选用40%菌核净1000～1500倍液或50%托布津500倍液，连喷3～5次，每次间隔5～7天。

（2）斑枯病

【症状】发病初期在叶面出现大小不同、形状不一的褐色或黑褐色小斑点，往后发展成近圆形或多角形的大病斑，直径0.2～2.5cm，病斑干枯后常形成孔洞，严重时病斑汇合，叶片脱落。在高温高湿、阳光不足以及种植过密、通风透光差的条件下，比较容易发病。

【发病规律】病菌以分生孢子器在病残体上越冬，翌年产生分生孢子借气流传播引起初侵染。温暖高湿利于病害发生。田间通风、透光差时发病较重。

【防治方法】

a. 适时通风降湿，防止棚内湿度过大。

b. 避免种植过密。

c. 药剂防治。在发病初期，用80%可湿性代森锌800倍液喷雾。每隔7天1次，连喷2～3次。但是，在收获前半个月就应停止喷药。

2. 虫害

(1) 蚜虫

【危害】蚜虫危害青紫苏叶片，造成叶片蜷缩变形，生长停滞，分泌的蜜露使叶片产生杂菌，严重影响光合作用，致使叶片提早干枯死亡。另外，蚜虫还能传播多种病毒，传毒所造成的危害远远大于蚜虫本身的危害。

蚜虫个体细小，繁殖力很强，能进行孤雌生殖，4～5天可繁殖一代，每年可繁殖几十代。蚜虫主要积聚在新叶、嫩叶上，以刺吸式口器刺入叶片组织内吸取汁液，使受害部位出现黄斑或黑斑，受害叶片皱缩。

【防治方法】

a. 棚室栽培应及时清理越冬场所，在春季蚜虫尚未迁移的时候，及时防治，减少部分蚜源。

b. 在温室、大棚的放风口悬挂银灰塑料条避蚜，可明显减少蚜量。

c. 使用防虫网。覆盖40～45目的银灰色或白色纱网，可杜绝蚜虫接触叶片，减轻蚜虫危害，棚室放风口最好使用防虫网。

d. 黄板诱杀。利用有翅蚜对黄色的趋性，把木板剪成边长40cm的正方形，涂上黄色，再涂上1层10号机油与少量黄油调匀的粘油，插在行间，以略高于植株为宜。

e. 药剂防治。洗衣粉的主要成分是十二烷基苯磺酸钠，对蚜虫有较强的触杀作用，用400～500倍液喷2次，防效在95%以上。也可用50%辟蚜雾可湿性粉剂2000～3000倍液喷杀。

(2) 斜纹夜蛾

【危害】 7～9月幼虫危害叶片，叶片被咬成孔洞或缺刻，严重时可将叶片吃光。老熟幼虫在植株上作薄丝茧化蛹。

斜纹夜蛾属鳞翅目，夜蛾科，是一种杂食性害虫，成虫体长16～27mm，翅展33～46mm。头、胸及前翅褐色。腹末有茶褐色长毛。卵为半球形，初产黄白色，孵化前紫黑色。卵块产，上覆成虫黄色体毛。老熟幼虫体长38～51mm。成虫喜在叶背面产卵。初孵幼虫群集叶背啃食，仅留上表皮，2龄后分散为害，5龄后进入暴食期。幼虫6～8龄，历期11～20天不等。幼虫有假死和避光习性。高龄幼虫白天多躲在背光处或钻入土缝中，夜间活动取食。老熟幼虫入土化蛹。

【防治方法】

a. 诱杀成虫。采用黑光灯或糖醋盆等诱杀成虫。

b. 药剂防治。3龄前为点片发生阶段，可结合大棚管理，进行挑治。4龄后夜出活动，因此施药应在傍晚前后进行。药剂可选用15%菜虫净乳油1500倍液喷雾，10天1次，连用2～3次。

七、东风菜

(一) 概述

东风菜，又名大耳毛、山白菜、盘龙草、白云草等，为菊科紫菀属多年生草本。东风菜营养价值高，每100g鲜重含水分76g、蛋白质2.7g、粗纤维2.8g、胡萝卜素4.69mg、烟酸0.8mg、维生素C 28mg，有助于增强人体免疫力，还可解热镇痛、促进血液循环、治疗跌打损伤和毒蛇咬伤。是辽东山区分布极广的一种山野菜，其营养丰富，又具抗肿瘤作用等药用价值，深受广大消费者青睐。

图 3-30 东风菜开花

1. 形态特征

多年生草本，根状茎粗短，横卧。东风菜高 1～1.5m，茎直立、圆形，基部光滑，上部有毛，嫩枝顶端被毛较密。叶互生，基生叶片心形或广卵形，边缘具锯齿，两面有毛，中下部叶具长柄，上部叶无柄。头状花序排成伞房状圆锥状花序，边缘的舌状花白色（图 3-30，彩图），中央的管状花两性，黄色。瘦果长椭圆形，冠毛棕黄色。花期 6～10 月，果期 8～10 月。生于山地林缘及溪谷旁草丛中。

2. 对环境条件要求

东风菜喜肥，故宜选疏松肥沃的壤土或沙质壤土种植为佳，排水不良的洼地和黏重土壤不宜栽培。每 667m^2 施农家肥 4000kg，深翻耙平，做成 1.3m 宽的平畦。

（二）栽培关键技术

1. 种苗繁育技术

（1）无性繁殖　东风菜在春、秋两季均可用根状茎繁殖，春栽多于4月上旬进行，秋栽多于10月下旬进行，北方寒冷地区为防止种苗冬季在地里冻死，多在春天栽植。若采用秋栽，应做好越冬防寒工作。选择东风菜密集分布的地块，刨收时选择节密而粗壮的根状茎，选择白色较嫩带有紫红色、无虫伤斑痕、近地面处的根状茎作种栽。尽量不用芦头部的根状茎作种栽，因这样的根状茎栽植后容易抽薹开花，影响根的产量和品质。若秋季栽培，则随刨随栽；若春季栽培，需将根状茎进行窖藏。栽前将选好的根状茎剪成长度为5～10cm、带2～3个芽眼的小段。根状茎新鲜、芽眼明显其发芽力强。按行距33cm开6～8cm的浅沟，把剪好的种栽按株距16cm左右平放于沟内，每撮摆放2～3根，盖土后轻轻镇压并浇水，每公顷需用根状茎150～225kg。栽后2周左右出苗，苗未出齐前注意保持土壤湿润，以利出苗。

（2）有性繁殖　东风菜的果实于9～10月成熟，此时可进行种子的采收。采收时先将整个花序剪下，置于室内通风干燥处阴干，当花序干透后，用力将其搓下，剔除所有杂质，装入布袋内，于通风阴凉处保存，保存过程中注意防虫蛀和霉变。

春季深翻土地30cm左右，每667m^2施入腐熟农家肥3000kg左右，然后整地做畦。畦宽100～120cm、高15～20cm、长10～20m，在畦床上间距15cm横畦开5cm深的沟，将浸泡1夜后的东风菜种子拌细沙或细土均匀撒入沟内，以每1cm长度隐约可见2～3粒种子为度，覆土2～3cm厚，播后浇透水。播后15天左右出齐苗，以后注意除草松土。6月苗高达10cm左右时，进行定植。

2. 日光温室东风菜反季节栽培技术

（1）整地做畦　结合施肥（每667m^2施腐熟农家肥4000kg以上）深翻土地30cm左右，耧平耙细后，沿温室南北方向做1.2～1.5m宽的畦，畦埂宽20～30cm。

（2）播种育苗　春季，沿东西方向在畦内开2cm左右深的浅沟，沟距12cm左右，种子和细沙按体积1∶(2～3)的比例混拌均匀，播于浅沟内，覆盖1～1.5cm厚的细土，覆土后用磙子或平锹压，用塑料薄膜或旧草苫覆盖，待出苗后及时撤掉覆盖物。

（3）田间管理　栽培中视土壤墒情及时补水，保持床面湿润。当东风菜苗高6～8cm时定苗，间小苗、留大苗，苗距12cm左右，定苗后棚外用50%遮光度的遮阳网覆盖，9月下旬至10月初将遮阳网撤掉。秋季植株枯萎，及时将地上部枯萎部分沿地表剪除，并将田园清理干净，而后上覆2cm左右腐熟的农家肥。当气温下降到0℃以下时，白天将温室草苫放开，夜晚将草苫卷上，以利于增加东风菜表土土壤冷冻时间和厚度。当冻土层厚度达到10cm，并持续15天以上时，11月末至12月上旬，草苫改为白天卷起晚间打开，使温室逐渐升温，待土壤解冻后室内温室控制在20～25℃，过高时应放风降温。冬季棚内空气相对湿度保持在85%以上。阴天、风雪天不宜浇水，浇水时尽量选择中午气温最高时进行，忌大水漫灌（图3-31，图3-32）。适当控制室内湿度，当湿度过大时，在日出前打开顶风口20min左右排湿，或于晴天中午放风排潮。温室内温度白天应控制在20～25℃，超过30℃放风降温，夜温控制在8～10℃。为提高东风菜品质，应选择50%遮光度的遮阳网覆盖，或采用白天温室草苫隔一苫揭一苫的办法进行遮阴处理。元旦前后可进行采收，每茬采收时间相距20天左右，每个周期大概在45天左右，采收后床面覆盖腐熟有机肥2000kg左右，以利保根，为后续生产奠定良好的基础。

图3-31　东风菜田间栽培（一）

图 3-32 东风菜田间栽培（二）

3. 塑料大棚东风菜反季节栽培技术

（1）整地做畦　东风菜塑料大棚栽培可采用播种育苗方式，也可采用露地育苗移栽方式生产。播种育苗方式同日光温室，育苗移栽方法为，采用 10m 宽、70m 长的南北向塑料大棚，深翻土地 30cm 左右，每 667m^2 施入腐熟农家肥 4000kg，沿大棚南北延长做 6 条长畦，畦床宽度 1.2m，中间 5 条畦埂各 30cm 宽，两边距棚脚各留 35cm 做畦埂。温室内沿南北方向架设 2 条微喷供水管带，距地面高度为 50cm。

（2）移栽定植与管理　当露地栽培的东风菜苗高 8cm 左右时进行移栽定植，定植的方法为，畦内开深 5cm 左右的沟，沟距 12cm，按苗距 12cm 进行定植，定植后浇 1 次透水。定植前塑料大棚外覆盖 50％遮光度的遮阳网。定植后注意除草，视天气情况及时喷水，11 月初揭膜，待翌年春季 2 月末至 3 月初扣膜。扣膜后棚室管理同日光温室。

（三）采收

当茎叶 25～30cm 高时便可进行采收，采收标准是茎叶鲜嫩、肥厚、不老化，采收时去掉黄叶和老叶，扎成小捆（图 3-33），上市出售。

图 3-33　东风菜采收

（四）病虫害防治

1. 病害

叶枯病

【症状】叶枯病多从叶缘、叶尖侵染发生，病斑由小到大不规则状，红褐色至灰褐色，病斑连片成大枯斑，干枯面积达叶片的 1/3～1/2，病斑边缘有一较病斑深的带；病健界限明显。后期在病斑上产生一些黑色小粒点。

【发病规律】叶枯病在病叶上越冬，翌年在温度适宜时，病菌的孢子借风、雨传播到寄主植物上发生侵染。该病在 7～10 月均可发生。植株下部叶片发病重。高温多湿、通风不良均有利于病害的发生。植株生长势弱的发病较严重。

【防治方法】

a. 秋季彻底清除病落叶，并集中烧毁，减少翌年的侵染来源。

b. 加强栽培管理，控制病害的发生。栽植地要排水良好、土壤肥沃，增施有机肥料及磷、钾肥。控制栽植密度，使其通风透光，降低叶面湿度，减少侵染机会。改喷浇为滴灌或流水浇灌，减少病菌的传播。

c. 生长季节在发病严重的区域，从6月下旬发病初期到10月间，每隔10天左右喷1次药，连喷几次可有效予以防治。常用药剂有1∶1∶120倍的波尔多液。

2. 虫害

蚜虫

【危害】成、幼蚜群集嫩梢、芽叶基部及叶背刺吸食液汁，致使叶片发黄，植株枯萎，生长不良。

【防治方法】10%吡虫啉可湿性粉剂1500倍液喷雾。

八、短梗五加

（一）概述

短梗五加，别名无梗五加，为五加科五加属多年落叶灌木植物。由于短梗五加嫩茎具有无污染、口味独特，并具保健功能的特点，已成为辽东人民传统食用的精品山野菜。近年来，世界各国对于山野菜的资源开发十分重视，如美国、法国、日本、韩国等国家已经或正在进行各种野菜的研究与开发，特别在野菜加工方面开发力度较大，已有各种野菜加工品及保健品相继问世。

分布于黑龙江省（虎林、海林）、吉林省（吉林市、安图、抚松）、辽宁省（千山）、河北省（兴隆、易县、小五台山）和山西省（五台山）。生于森林或灌丛中，海拔200～1000m。朝鲜也有分布。

1. 形态特征

灌木或小乔木（图3-34，彩图），高2～5m；树皮暗灰色或灰黑色，有纵裂纹和粒状裂纹；枝灰色，无刺或疏生刺；刺粗壮，直或弯曲。有小叶3～5；叶柄长3～12cm，无刺或有小刺；小叶片纸质，倒卵形或长圆状倒卵形至长圆状披针形，稀椭圆形，长8～18cm，宽3～7cm，先端渐尖，基部楔形，两面均无毛，边缘有不整齐锯齿，稀重锯齿状，侧脉5～7对，明显，网脉不明显；小叶柄长2～10mm。头状花序紧密，球形（图3-35，彩图），直径2～3.5cm，有花多数，5～6个稀多至10个组成顶生圆锥花序或复伞形花序；总花梗长0.5～3cm，密生短柔毛；花无梗；萼密生白色绒毛，边缘有5小齿；花瓣5，卵形，浓紫色，长1.5～2mm，外面有短柔毛，后毛脱落；子房2室，花柱全部合生成柱状，柱头离生。果实倒卵状椭圆球形（图3-36，彩图），黑色，长1～1.5cm，稍有棱，宿存花柱长达3mm。花期8～9月，果期9～10月。

图3-34 短梗五加

2. 对环境条件要求

短梗五加的自然生境，一般在山谷的溪水边、沟旁、林缘和山坡的缓坡地带，但通过人工栽培，改变生长环境后，五加却是一种喜肥的植物，所以在选择栽植地时要求选土层较厚、有机质含量高、保水性强的地块，如果土层较薄，要进行土壤改良后再栽植；选排水条件好的地块，黏土或易积水的地方不适合做栽植地块；选

图 3-35　短梗五加开花

图 3-36　短梗五加果实

择有水源的地方，嫩茎整个生育期需要充足的水分供给，才能生长出嫩茎野菜，否则嫩茎纤维多，易老化；土壤以中性或偏酸性为好，pH 值不能超过 7.0，过酸时，植物会逐渐衰老而枯萎死亡。

（二）栽培关键技术

1. 种苗繁育技术

短梗五加苗木繁育方法主要有种子繁殖、扦插繁殖、分根繁殖和压条繁殖等方法。

(1) 种子繁殖

① 种子采收。种子9月下旬至10月上旬成熟，果实黑色、变软时采种，过熟易脱落。选择4年生以上、生长健壮、无病虫害的植株采收果实。采收后放入盆内，用手反复揉搓，直至搓碎果实，再用清水漂出果皮、果肉、秕种、破损种、杂物等。

② 催芽方法。处理之前用0.1%硫酸铜溶液浸种30min进行消毒，然后将种子与湿沙按1∶3的比例混合，装入透气编织袋内，湿度60%，放入17～20℃的室内催芽。每隔7～10天翻动1次，60天后将室内温度控制在14～17℃，再经过90天左右，将种沙放在0～5℃的适宜场所贮藏，经过45天左右可完成生理后熟，至翌年春季4月中旬将种取出即可播种。

③ 播种。选土层深厚、肥沃、排灌条件好的壤土或沙壤土地，在秋季进行耕翻、打垄、做畦。施农家肥，2000kg/667m^2。在播种前1周做好苗床（畦），土壤干燥要灌足底水。在4月中旬左右，日均温达到15℃时左右即可播种。播种量12.5kg/667m^2。出苗后在床面上加盖透光度50%的黑色遮阳网，高度50～80cm。

④ 田间管理。幼苗出土后随见苗随撤覆盖物。出苗后分期喷洒0.1%代森锌溶液、0.08%多菌灵溶液，每10～15天喷1次，防治立枯病等。当幼苗长出2～3片真叶时进行间苗；每次间苗后要及时浇水。7月下旬撤掉遮阳网，如发现叶色较淡，可追施尿素或磷酸二铵，用量为13kg/667m^2，最好淋雨时追肥或追肥后浇水以防烧苗。

(2) 无性繁殖

以扦插繁殖为例。

① 硬枝扦插。

a. 插穗的剪取。选用一年生的芽胞健壮、节间短、充分木质化的枝条，在秋季树木停止生长后或春季树液流动前采集。将枝条剪截成14～17cm的插条，插条上端距芽1～1.5cm处平剪，下端剪口呈马蹄形，每50根扎一捆。萌条采取露天混沙埋藏越冬或放置于苗木窖内，保持湿润，待4月中旬扦插时使用。

b. 插床准备。3 月中旬，选择土层深厚、排水良好的地块。在早春或秋季进行整地松翻，同时掺入一定量的河沙，沙土比例为1∶3。然后根据需要做畦，床宽 120cm、高 15cm，床长可根据地块而定。做床后用 0.06%百菌清溶液进行土壤消毒。插床上面设高 60cm 的拱形塑料薄膜罩，插床表面设喷灌设备。

c. 扦插。将穗条从沙坑中取出，插植前将插穗用水浸泡 12h，用 0.1% 1 号 ABT 生根粉溶液浸泡插条基部 2～3cm 处 14～17h，用清水冲洗后埋入沙床中进行倒置催根，用塑料布做小拱棚加一层黑色遮阳网，插条上端温度控制在 21℃左右。当插条根长出 1mm 时，在畦床上按 15cm 宽横向开沟，按 5cm 间距垂直放入插条，芽面朝南，插深距最上端芽下 1～2cm，插后浇（喷）水。

d. 苗床管理。前期 4 月中旬至 5 月初，注意要保持床面湿润。每周要喷施 1 次 0.08%多菌灵溶液，连续喷施 2～3 次即可。插后 20 天开始生根，约 40 天后可装营养杯或继续留床管理。6 月中旬将塑料全部揭开。秋季落叶后进行越冬假植防寒，翌年春移植。

② 嫩枝扦插。

a. 插床准备。床宽 120～220cm（长度根据地块而定），床间留 50cm 作业道，将插床四周用砖或木板等围起，高度 25～30cm。扦插基质分为两层，底层为沥水层，铺设 10cm 炉灰渣，上层用 15～20cm 干净细河沙。并安装全光喷雾设备。扦插前 2 天，用 0.5%的高锰酸钾溶液对基质消毒 5～10min，24h 之后用清水淋洗。

b. 插穗的剪取。在 6 月中、下旬，从采穗圃剪取当年生的无病虫害、生长健壮的半木质化枝条，剪口径大于 0.5cm，将穗条剪成长 10～15cm，插条上端距芽 1～1.5cm 处平剪，下端剪口呈马蹄形。保留上端 2 片复叶，每片复叶去除中间较大的 2 片叶，保留 3 片叶。将修剪后的插穗 25～50 株 1 捆，放入 0.2%2 号 ABT 生根粉溶液中浸泡插条基部 2～3cm 处 2h 左右。

c. 扦插。将浸泡好的插条按照株行距 4cm×5cm 垂直插于苗床内，深度 5cm，插后立即喷水。没有全光喷雾设施的，可用塑料小拱棚罩住（上面再覆一层黑色遮阳网），以后视情况喷水，温度控制在20～25℃。

d. 插后管理。扦插初期，每隔2～3min就喷雾1次，每次20s；20～25天后，愈伤组织出现，喷雾间隔为3～5min，每次20s。30～40天可生根，喷雾间隔为5～10min；移栽前对扦插苗进行炼苗，在10：00～14：00进行喷水，间隔2～3次/h，每次5min左右。生根后每周喷施1次0.2%磷酸二氢钾溶液（在傍晚停止喷雾后进行）。扦插当天傍晚停止喷雾后，喷1次0.06%多菌灵溶液，以后每周1次，雨过天晴加喷1次，直至生根为止。基质5cm深，温度控制在25～30℃。对掉落在扦插床上的枯枝落叶要及时清理，以免造成病菌的感染。秋季落叶后进行越冬假植防寒，翌年春移植，培育1年即可用于定植。

③ 分根繁殖。在萌芽前，选取树高1～2m的生长健壮植株，挖取根茎周围30cm以内的根系，选择0.5cm以上的根系，剪成10cm左右的根段。采用床插方式进行繁殖，插前用0.1% 1号ABT生根粉溶液浸泡根段8h后，将根段以10cm×15cm株行距埋入土中2～3cm。插后床上部覆盖薄膜和遮阴网，7月下旬撤掉遮阳网。40～50天后可生根，入冬前进行防寒，翌年春季进行移植。

④ 压条繁殖。在基生枝长到30～40cm时，将基部10cm内的叶片剪掉，在距地面1cm处用镀锌或塑包金属线横缢，横缢线上部涂抹生根剂（吲哚丁酸，0.004%）。然后将母株基生枝用油毡纸围起来，围成10cm高的穴，穴内填充保持湿润的木屑。保持填充物和土壤湿润，干旱时及时喷（灌）水。翌年春季造林时，将压条枝与母株分离，即形成一株压条苗用于定植。

2. 日光温室短梗五加反季节栽培技术

（1）整地施肥　短梗五加喜温暖湿润的环境，土壤要求中性偏酸（pH值5～7），应选择土壤有机质含量高、土层深厚、保水保肥、排水良好的地块，地力中上等，最好附近有浇灌条件，但雨季田间不能积水，保持土壤的通透性。整地首先要清除石块、根茬等残留物，在早春或秋季进行松翻，最好是旋耕，这样可改善土壤的物理性状，提高土壤的通透性，有利于扎根、发芽及生长，然后根据需要起垄或作畦打线准备栽植。

(2) 定植及定植后管理　定植前施 2500kg/667m^2 农家肥后深翻，做床（1～1.2m 宽，方向最好南北向），采用两年生移植苗按株行距 20cm×30cm 定植。定植后从根部平茬。翌年 12 月中下旬扣棚前先对植株进行平茬，扣棚后 1～2 周内白天温度控制在 10～15℃，夜温不低于 5℃。萌芽后白天温度控制在 20～25℃，夜温不低于 10℃。当嫩芽 15～20cm 时，即可采收第 1 茬。

及时进行除草松土。在土壤化冻 10cm 后对土壤较贫瘠的可进行施肥（距离根茎 20cm 左右沟施），每株 3～5kg，主要以农家肥（堆肥）或腐熟的禽畜肥为主。对山上栽植的及时进行割草，保证植株不受影响。

修剪是短梗五加果实增产关键环节，同时修剪有利于防治病虫害。首先因时修剪。短梗五加属落叶灌木，依修剪时期可分休眠期修剪（冬季修剪）和夏季修剪。在东北地区，冬季修剪一般在 12 月至次年 3 月上旬进行。夏季修剪在谢花后进行，时间为 7 月末到 8 月中旬，宜早不宜迟。其次因树龄修剪。短梗五加幼树生长旺盛，应以整形为主，宜轻剪，并严格控制直立枝，要疏除弱枝、病虫枝、干枯枝、人为破坏枝及徒长枝，选择生长健壮枝作为骨干枝，促其早开花。壮年树应充分利用立体空间，促其多开花。休眠期修剪时，在秋梢以下适当部位进行短截。老弱植株以更新复壮为主，逐年选留部分根蘖，并疏掉部分老枝，以保证枝条不断更新，保持株形丰满。

(3) 扣棚膜升温　植株落叶后至翌年 1 月末，为植株低温休眠期，低温阶段有利于扣膜后植株进行正常的萌芽生长，否则扣膜后植株生长不整齐，也不利于后期的生长发育，休眠期温度应低于 5℃。定植当年可不必扣膜，从第 2 年开始，在每年的 12 月上旬至翌年 3 月初进行扣膜，扣膜初期，切忌急剧升温，要缓慢升温。嫩茎速生阶段，白天温度要调控在 22～28℃，超过 30℃应及时通风降温。夜间温度维持在 10～15℃即可。此阶段棚内相对湿度要控制在 85%左右，低于此湿度应在棚内喷水或灌水。

在采收后，大致在 4 月下旬可逐渐撤掉棚膜，此时植株在露地已经能够正常生长。

(4) 采收

① 嫩叶采收。采收标准依据多年经验进行。扣拱膜后的第70～80天，当嫩茎长度达到20～30cm，叶半卷未完全展开时为最佳采摘时期。

② 果实采收。短梗五加果实成熟标准为浆果完全变为黑褐色，果穗主梗逐渐木质化变成黄褐色，肉质方面，表现浆果变软并具有弹性，出现固有风味，口感好，口感甜度强，无涩味。根据品种不同，可分1次性采收早熟品种和2次采收中晚熟品种。一般早熟品种可在9月末至10月上旬1次采收，而中晚熟品种可在9月末至10月上旬进行第1次采收，于10月中下旬进行第2次采收。

采收宜于晴天早上露水干后进行，在雨天和雨后不宜采收。在高温天采收短梗五加果时，必须迅速运到阴凉处摊开散热，采收时以左手撑托短梗五加果穗，右手用采果剪在果梗基部剪下，由于短梗五加浆果水分大、皮薄，故在采收时要轻放于采果篮中，不要放置过满，保证采收质量。采收后的短梗五加果实放于通风阴凉处贮存。

3. 塑料大棚反季节栽培技术

扣棚时间要根据各地的气候而定，在春季未完全解冻，这就要求头一年上冻前做好扣棚前的准备工作，如棚的骨架等。对于棚内的管理，一是生育期要保持棚内的湿度，一般应达80%以上；二是掌握温度的调节，温度低时，应关闭气孔，温度高时，要及时放风，切忌高温，会影响芽的质量，通常不应超过28℃。其他管理同日光温室栽植。

4. 塑料小拱棚反季节栽培技术

2月25日至3月5日，以粗度为1.5cm以上的紫穗槐、花曲柳等为架棍，顺床每隔1m架一支棍，入土深度10cm，拱架高0.5～0.6m。向拱棍上扣覆厚度较大的白色塑料布，两侧、两端用土或砖块压实，既防漏风，又防被风揭开。一般植苗第2年开始覆膜。

扣拱膜第1～5天，白天温度控制为5～7℃，夜间不低于2℃；第6～10天，白天温度为10～12℃，夜间不低于5℃；第11～20天，白天温度为22～28℃，夜间不低于15℃。升温不可过快，否则萌芽不整齐，芽梢瘦细。为使拱棚内在夜间能够达到温度要求，应在傍晚日落前用草帘或棉布遮盖搭棚，白天出太阳时应及时揭开覆盖物，以便及时升温。如有降雪或沙尘浮于膜表，需及时扫落。每一阶段白天和夜晚的温度都应按要求调控，温度过高应揭帘降温，温度过低应升温（图3-37，彩图）。

拱棚内土壤含水量和相对湿度要尽可能严格控制。视土壤湿度情况，每4～5天于清晨揭开覆盖物，向畦面喷洒或灌入晒过的水，使土壤始终保持较潮润的状态，浸湿畦表20cm深。一般土壤含水量（砂壤、轻壤）应为20％～30％，畦表过于潮湿也影响土温，土壤过分干旱则影响植株正常萌芽生长。拱棚内相对湿度应控制在80％～85％，湿度过大时及时通风换气。

采收后5～10天，外界气温已达到13℃以上，应撤去拱棚。

图3-37　短梗五加田间栽培

（三）采收

扣拱膜后的第70～80天，当嫩茎长度达到20～30cm，叶半卷未完全展开时为最佳采摘时期（图3-38）。

用手指贴嫩茎基部折断，其基部应留2片叶片，以利于生长季再萌发二次梢，实现壮梢养根。如不留叶，则可能造成植株生长衰弱甚至烂根死亡。采摘时可先摘粗茎，过几天再采上次留下的茎，一般需7～10天采摘完毕。对二次梢及三次梢原则上不能再采摘，以利于养树，否则当年的生长及下年的产量、质量会受到影响。

图3-38 短梗五加嫩叶采收

（四）病虫害防治

短梗五加人工栽培面积不断扩大，随之而来危害短梗五加的病、虫害种类也呈上升趋势，目前五加黑斑病和五加煤污病是危害短梗五加较严重的病害，五加肖个木虱是危害短梗五加最严重的虫害之一，其次蚜虫、刺蛾、蜡蝉、大造桥虫、蝼蛄等也危害短梗五加。

1. 病害

（1）五加黑斑病

【症状】 该病由链格孢属真菌浸染引起，主要危害短梗五加叶片，幼叶最早发病，一般在5月20日左右始见病斑，最初产生褐色至黑褐色1～2mm的圆形斑点，边缘明显，后斑点逐渐扩大成近圆形或不规则形，中心灰白色或灰褐色，边缘黑褐色，病斑多时相互合并成不规则形的大病斑，使叶片焦枯、畸形，引起早期落叶。

【防治方法】

a. 农业防治。加强栽培管理，改变田园小气候，使其通透性好，雨后及时排水，防止湿气滞留。及时修剪病枝和多余枝条，增强通风、透光性。这样既有利于短梗五加生长，又不利于病害的发生。秋季落叶后及时清理田园，病菌主要以分生孢子及菌丝体在被害叶及枝梢上越冬。将枯枝落叶集中烧毁深埋，可以减少田间病原菌，同时消灭以卵、蛹在被害叶及枝梢上越冬的虫源，控制传染源。

b. 化学防治。于7月初使用40%菌丹可湿性粉剂400倍液、代森铵500～800倍液、40%多菌灵胶悬剂600倍液、50%多霉灵（乙霉威、万霉灵）可湿性粉剂1500倍液、65%抗霉灵可湿性粉剂1500～2000倍液，隔10～15天1次，视病情连续使用2～3次。

（2）五加煤污病

【症状】该病是由煤炱菌属病菌引起的，一般7月中旬始见病斑，主要危害短梗五加叶片，叶面初呈污褐色圆形或不规则形霉点，后扩大连片，使整个叶面、嫩梢上布满黑霉层，可布满叶、枝，严重时几乎看不见绿色叶片。

【防治方法】

a. 农业防治。同五加黑斑病。

b. 化学防治。煤污病可于7月初喷洒40%克菌丹可湿性粉剂400倍液或代森锌500～800倍液或50%多菌灵可湿性粉剂1500倍液10～15天喷1次，连续使用2～3次。为了防止产生抗药性，几种药剂应交替使用。

2. 虫害

（1）五加肖个木虱

【危害】五加肖个木虱属同翅目个木虱科肖个木虱属，属专食性害虫，北方地区年发生2代，以成虫在短梗五加树下的枯枝落叶层及土缝中越冬，翌年4月中旬开始活动，第2代卵多产在花序上，若虫孵化后钻蛀到果实上危害，使果实长满瘿瘤，导致果实的产量和质量大大降低。9月下旬至10月上旬第2代成虫羽化，准备越冬。

【防治方法】

a. 物理防治。人工除虫，6月中下旬五加肖个木虱1代若虫孵化后摘除带有瘿瘤的叶片和小枝，效果十分理想。

b. 农业防治。同五加黑斑病。

c. 化学防治。1.2%苦参碱·烟碱乳油1000倍液或20%强龙（20%高氯·辛乳油）400倍液2种药剂均属内吸及触杀性较强的杀虫剂，对于防治五加肖个木虱效果十分理想。

（2）蚜虫

【危害】蚜虫是危害短梗五加果实的一种刺吸式害虫。蚜虫从春季到秋季均有发生，它们一般在气温29℃左右繁殖最快。

【防治方法】用鲜辣椒或干红辣椒50g，加水30～50g，煮0.5h左右，用其滤液喷施五加叶片有特效；用洗衣粉1000倍液喷叶背面、嫩枝端，经24h死亡率达100%；用“风油精”加水600～800倍溶液，用喷雾器喷洒，使虫体沾上药水，杀灭蚜虫的效果在95%以上，而对植株不产生药害。防治时要采用喷雾与烟熏相结合的方法。具体用药是，吡虫啉＋乐丹混合液叶面喷雾，于傍晚闭棚后使用蚜虱螨熏净熏棚。喷雾与烟熏同时进行效果最为理想。用20%速灭杀丁乳油2000倍液喷雾灭蚜，可收到良好效果。

（3）其他虫害　蝼蛄、刺蛾（图3-39、图3-40，彩图）、蜡蝉（图3-41，彩图）、大造桥虫（图3-42，彩图）等害虫农业防治同五加黑斑病。

生物防治是保护和利用天敌，一些寄生蜂、捕食性昆虫等都是害虫的天敌，要加以保护，尽量不滥施农药。生物农药，1.8%阿维菌素乳油、1.2%苦参烟碱乳油等，具有强烈的内吸、触杀、胃毒和熏蒸作用，且无毒、无害、无污染。

图 3-39 刺蛾幼虫

图 3-40 刺蛾成虫

图 3-41 蜡蝉

图 3-42 大造桥虫

7月中旬喷洒25％灭幼脲三号乳油1200倍液或25％吡虫啉可湿性粉剂2000倍液，7～10天喷1次，连续使用2～3次，可以抑制虫卵的孵化，对黄刺蛾、金龟、大造桥虫等咀嚼式口器幼虫有极强的杀伤力。每667m^2以50％辛硫磷颗粒剂25kg用细土拌匀，撒于根部土表再翻入土内，可防治多种地下害虫且不影响萌芽。

九、黄花菜

（一）概述

黄花菜，又名金针菜、萱草等，中医称为忘忧草，属百合科萱草属多年生宿根性草本植物，以花蕾供食，营养丰富、味鲜质嫩，可以鲜食，也可加工成干菜。其含有丰富的花粉、胡萝卜素、氨基酸、钙、磷及多种维生素等营养成分，对健脑、抗衰、降胆固醇有一定疗效，是一种不可多得的美容、保健蔬菜。黄花菜是重要的经济作物，目前，黄花菜的需求量越来越大，市场前景较好。通过大棚设施栽培黄花菜，花期可提前1个月左右，是一项种植成本低、投产快、效益高、致富快的种植项目。

1. 形态特征

植株一般较高大；根近肉质，中下部常有纺锤状膨大。叶7～20

枚，长 50～130cm，宽 6～25mm。花葶长短不一，一般稍长于叶，基部三棱形，上部多为圆柱形，有分枝；苞片披针形，下面的长可达 3～10cm，自下向上渐短，宽 3～6mm；花梗较短，通常长不到 1cm；花多朵，最多可达 100 朵以上；花被淡黄色（图 3-43，彩图），有时在花蕾时顶端带黑紫色；花被管长 3～5cm，花被裂片长（6）7～12cm，内三片宽 2～3mm。蒴果钝三棱状椭圆形，长 3～5cm。种子 20 多个，黑色，有棱，从开花到种子成熟需 40～60 天。花果期 5～9 月。

图 3-43 黄花菜花

2. 对环境条件要求

黄花菜生长适应性强，生性强健，喜光、喜温、耐瘠、耐肥、耐旱，但不耐寒、不耐湿，对光照强度变化的适应性强。砂土、黏土、山地、平原均可种植。叶丛生长的适宜温度为 14～20℃。黄花菜对土壤的选择性不严，微酸性、中性、微碱性（pH 值 5～8.6）的土壤均可种植。

（二）栽培关键技术

1. 种苗繁育技术

可采用有性繁殖和无性繁殖两种方式。

(1) 有性繁殖　在种子即将成熟时，要适时采收，采回种子用布袋贮藏。由于黄花菜的种子萌发率低，播种前1个月种子要进行处理，先浸种2～3天，在室温20～23℃的室内催芽，然后再播种，播种方式采用撒播。繁殖方法中种子繁殖较为复杂，而且实生苗要在苗圃地培育1年才可定植，这样会增加1年的投入，所以大规模生产一般不采用这种繁殖方法。

(2) 无性繁殖

① 分株繁殖。选择健壮无病虫害的优良单株，挖取其株丛的1/3作种苗，要连根切分，分根时用草帘子将分好的苗盖好，保持水分，如果不能及时栽植要打好包，放入苗木窖，浇上少许水，注意一定要保持根部水分。栽植时根部剪成5～7cm长并去掉衰老根等杂质，放入坑内，注意一定不能窝根。这种繁殖方法操作性强，成活率高，是大规模生产中最常用的方法。

② 分芽繁殖。由于黄花菜的特性，其根状茎两侧排列着无数隐芽，顶芽具有很强的顶端优势，人为破坏其顶端优势，促进侧芽萌发（图3-44，彩图），可能提高苗木的繁殖率，这种方法一般是用来繁殖优良单株。

图3-44　黄花菜田间栽培

2. 日光温室黄花菜反季节栽培技术

(1) 选地和建棚　选择具有水质、大气、土壤无污染的环境，地势稍高，背风向阳，水源近，排水好，无地下害虫的地块。建简易竹架大棚或钢架大棚，大棚宽 6～8m，长 30～40m。

（2）种前准备

① 品种选择。选择优质、高产、早熟、肉质厚、抗病虫、抗旱等较强的品种，如缙云县的盘龙种、四月花等。

② 深翻整地。定植前半个月应深翻 30cm 以上，结合深翻，每 667m^2 施腐熟优质农家有机肥（2～2.5）×10^3kg、过磷酸钙 750kg；同时做好畦，畦宽 1.1～1.3m。

③ 种株处理。

a. 修整。将挖起的种株短缩茎下层的黑蒂掰掉，剪去肉质根上膨大的纺锤根，剪短到 5～7cm，并清除朽根；短缩茎上部的苗叶，剪留 6～7cm，去掉残叶。

b. 药剂处理。栽前将修整好的种株放入 50％甲基托布津可湿性粉剂 1000 倍水溶液中浸泡 10min，捞出晾干后待植。

（3）合理栽植

① 适时定植。为提早成活抽苗，大棚黄花菜较常规种植要早，在黄花菜地上苗叶干枯后，就应栽种，一般在 9 月中旬至 10 月中旬。

② 合理密植。为便于采摘、排水、利用空间，大棚黄花菜应采用做畦丛植，每畦种 3 行，丛距 35～40cm，每 667m^2 栽 2 万～2.5 万丛，每丛 3 株，丛内株距 10～12cm，每 667m^2 用种苗 6 万～7.5 万株。

③ 适当深栽。黄花菜的根群是从短缩茎周围生出的，它具有一年一层，自下而上，发根部位逐年上移的特点，因此适当深栽利于植株成活发芽，适栽深度为 10～15cm。

（4）田间管理

① 控制好大棚的温度。具体措施是从定植到缓苗生长这段时间，要求棚温较高。白天气温保持在 15～25℃，夜间保持在 8℃以上，不浇水，当中午棚内气温达 30℃以上时进行通风降温；从缓苗后到抽薹期，要依据棚内温、湿度适当通风调节，白天气温控制在 15～20℃，夜间不低于 10℃；开花期，需要较高的温度和较大

的昼夜温差，白天气温 18～28℃，夜间 12～15℃，中午前后适当延长通风时间，使棚内最高气温不超过 35℃。

② 中耕培土。黄花菜根系是肉质根，需要有一个肥沃疏松的土壤环境条件，才能有利根群的生长发育，生育期间应根据生长和土壤板结情况，中耕 3～4 次，第 1 次在幼苗正出土时进行，第 2、第 3、第 4 次在抽薹期结合中耕进行培土。

③ 施肥。黄花菜要求施足冬肥（基肥），早施苗肥，重施薹肥，补施蕾肥。

冬肥（基肥）：应在黄花菜地上部分停止生长，即秋苗经霜凋萎后或种植时进行，以有机肥为主，每 667m^2 施栏肥 2000kg。

苗肥：苗肥主要用于出苗、长叶，促进叶片早生快发；苗肥宜早施不宜迟施，应在黄花菜开始萌芽时追施，一般每 667m^2 追施过磷酸钙 10kg、硫酸钾 15kg。

薹肥：黄花菜抽薹期是从营养生长转入生殖生长的重要时期，此期需肥较多，应在花薹开始抽出时追施，一般每 667m^2 追尿素 15kg、过磷酸钙 10kg、硫酸钾 75kg。

蕾肥：蕾肥可防止黄花菜脱肥早衰，提高成蕾率，延长采摘期，增加产量；应在开始采摘 7～10 天追施，一般每 667m^2 追施尿素 15kg。同时采摘期每隔 7 天左右叶面喷施 0.2％的磷酸二氢钾，加 0.4％尿素，加 1％～2％过磷酸钙（经过滤）水溶液，另加 15～20mg/kg 920 于下午 5 点后喷 1 次，对壮蕾和防止脱蕾有明显效果。

④ 适时灌水。黄花菜在抽薹期和蕾期对水分敏感，此期缺水会造成严重减产，表现花薹难产，有时虽能抽生，但花薹细小、参差不齐、落蕾率高、萌蕾力弱、蕾数明显减少，因而应根据土壤情况适时灌水 2～3 次，避免因干旱而减产。

⑤ 翻挖。黄花菜花蕾采摘完毕后，及时去薹叶，进行翻挖，挖深 15～20cm，行间深，株丛周围浅。

（三）采收

黄花菜采摘时间要求极为严格，过早过迟均不行，过早采摘，鲜蕾重量减轻，颜色差，过迟采摘花蕾成熟过度，出现裂嘴松苞，质量差；采收适期为花蕾刚在裂嘴前1～2h，这时黄花菜产量高，质量好（图3-45）。

图3-45 黄花菜采收

（四）病虫害防治

黄花菜主要病虫害有锈病、叶枯病、叶斑病、红蜘蛛和蚜虫等。

1. 病害

（1）锈病 发病初期用15%粉锈宁可湿性粉剂1500倍液或12%腈菌唑乳油1000倍液进行叶面喷施，每隔7～10天喷1次，共喷2～3次。

（2）叶枯病、叶斑病 用70%代森锰锌或75%百菌清可湿性粉剂800倍液进行叶面喷施，每隔7～10天喷1次，共喷2～3次。

2. 虫害

（1）红蜘蛛（图3-46，彩图） 用73%克螨特2000倍液喷雾。

（2）蚜虫 用70%吡虫啉8000倍液或50%溴氰菊酯3000倍液喷雾。

图 3-46 红蜘蛛

十、蕨菜

（一）概述

蕨菜，又叫蕨儿菜、火蕨菜、拳菜、拳头菜、蕨薹、米蕨菜、狼蕨、龙须菜、龙头菜、如意菜、鹿角菜等，是一种野生蕨类植物，为蕨科凤尾属多年生草本植物。以叶芽生长出来尚未开展的羽状叶和幼嫩叶柄供食用。蕨菜吃起来不仅鲜嫩滑爽，风味独特，而且营养价值很高。每 100g 鲜品中含蛋白质 0.43g、脂肪 0.36g、糖类 3.6g、有机酸 0.45g，并含有多种维生素和矿物质，是一般栽培蔬菜的几倍至十几倍，有“山菜之王”的美誉，深受国内外市场的欢迎，具有极高的营养价值和医疗保健功能。

1. 形态特征

蕨菜为多年生草本植物（图 3-47，彩图），株高 40～100cm，根状茎黑色，较长，匍匐生长，长达 1m 以上。蕨菜抗逆性强，适应性广。喜光、喜湿润凉爽的气候条件，32℃高温下仍能正常生长发育，－36℃低温下宿根也能安全越冬，幼嫩叶在－5℃以下才遭冻害。气温 15℃、地温 12℃时，叶片生长迅速，孢子发育适温为 25～30℃。光照较长、充足时生长发育快，植株高大。蕨菜不耐干旱，对水分要求严格，湿度大时有利于孢子萌发，利于繁殖新的植株。以土层深厚、排水良好、富含有机质、中性或微酸性壤土地块种植较适宜。

图 3-47　蕨菜

2. 对环境条件要求

温度对蕨类植物的影响很大。对绝大多数蕨类植物来说，白天最适宜的温度是 18～27℃，需要有一定的昼夜温差，通常昼夜温差为 5℃左右为佳，能够适应和抵御冬季低于 0℃的气温。

喜欢在庇阴处或散射光线中生活，光线不宜过强，成年蕨菜比幼小蕨菜需要较强的光。处于孢子萌发阶段时，需要较短波长的光线，即青光或蓝光。

土壤应具备能保持湿度、通气条件良好、可支撑根部生长、提供最基本营养的性能。一般具备这些条件的土壤富含有机质。在栽培中，应该注意土壤的酸碱性，它对植物生长的影响极大。泥炭土以及高度有机化的腐殖土通常略偏酸性，如果栽培土壤酸度不够，可以添加一些硫酸铝、硫酸铵、硝酸铵或硫黄等物质来增加土壤酸度。

（二）栽培关键技术

1. 种苗繁育技术

（1）无性繁殖　一般在秋季叶枯后或春季萌芽前，选择粗壮的根茎采挖。采挖时不要伤芽，根茎尽量挖长些。将采挖来的根茎假植在田间背风处或地窖等温暖的地方，以待培养。选择富含腐殖质、土层深厚肥沃的地块，施入腐熟的农家肥，充分混匀，然后开沟，栽入切成 10cm 小段的根株，培育 1 年，促进苗壮。

(2) 有性繁殖　夏末秋初，选择外观褐色、孢子囊未开裂的孢子囊群，用干净剪刀将带孢子的叶片剪下，放入纸袋中风干。2 月用 300mg/kg 赤霉素处理 15min，促进孢子萌发。然后选择草炭土、腐殖质或泥炭和河沙混合作育苗基质。播种前 1 天把准备好的基质培养容器放在水中充分湿润，将孢子均匀地撒播在培养基质上，盖好盖子，浸在浅水中，第 2 天取出放在温床或培养箱中培养，温度保持 25℃，湿度 80%以上，每天光照 4h，1 个月后孢子萌发，每天喷雾 3 次，连续 1 周，使精子与卵子结合成胚，1 周后发育成孢子体小植株。孢子体长出 3～4 片叶后进行第 1 次移栽，7～10 天后再移栽到室外苗床上，待小苗长大后定植。

2. 日光温室蕨菜反季节栽培技术

(1) 整地施肥　蕨菜原生地是富含腐殖质的林下，天性喜肥，适于土壤疏松、肥沃的地块。为培育粗壮的株丛，必须为其提供一个适宜于生长发育的良好的土壤环境。配制优质有机肥，用 EM 液处理的已充分发酵的鸡粪＋处理好的有机质（用粉碎的花生秸、豆秸等秸秆或腐叶等。处理的方法是基质中加入 2.5kg/m^3 的硫酸铵，溶于 1000 倍液的 EM 菌液中，然后向基质上喷洒，达到用手攥成团，一触即散的程度；再堆制，盖上塑料，环境温度保持 25～30℃，持续 10～15 天就可使用)，再按鸡粪∶“脚土”（野生蕨菜原来生长发育的土壤）∶有机质＝1∶1∶2 的比例配制成混合腐熟的农家肥，10000kg/667m^2 以上。在整地前普遍施入以上配制好的优质有机肥，同时加入尿素 20kg/667m^2、磷酸二铵 20kg/667m^2、草木灰 50kg/667m^2。深翻地要达 40cm 深，使底肥混入底层。整平，耙细，做成宽 1.2～1.5m，长 10m，高 10cm 的高畦，畦向南北延长。一般 667m^2 的株丛培养地，可以为 3～5 倍地提供株丛。

（2）定植及定植后管理　在大地封冻前将在露地圃地培养好的株丛挖出，每丛保持2～3株，尽量多带宿土确保不缓苗。并假植于荫凉处。应在日光温室上冻前定植根株。其方法步骤如下。

① 开沟。在南北延长的畦上横向开沟，沟深15cm、宽10～12cm，小行距15cm。施口肥：在沟底施入磷酸二铵，15kg/667m^2。

② 盖“脚土”。在口肥上盖一层2cm的“脚土”。

③ 定植。取出假植的根株，按株距10cm，每丛5株进行定植，少量覆土，用手按实以固定植株。

④ 浇定植水。栽苗后浇1次定植水，促使苗根与土壤紧密接触。

⑤ 覆土。水渗下后覆土封堰，并使整个畦面成平面。

⑥ 覆盖地膜。在整平的畦面上扣上地膜。

定植后返青前（越冬期）的管理。温室上严塑料，修补好塑料，如果有条件的最好在定植前换上新的塑料以确保生产安全。用500倍的多菌灵喷整个温室。堵塞漏洞，封闭门窗。在温室上盖上草苫子、纸被等不透明覆盖物，且不再揭盖，使温室内处于全部被遮光的黑暗条件下，室内温度恒定，不出现昼夜温差。防寒保温物要压牢，防止被寒风刮开。另外，为保安全和便于清雪，不透明的防寒保温物的上边最好盖上彩条布等。

（3）田间管理（图3-48）

① 温室预热。一般在1月下旬至2月上旬开始生产，此时要对不透明的防寒保温物进行揭盖，以预热温室。日出后揭开，日落前放下，此项工作需要10～15天。

② 张挂反光幕。在距温室后墙大约1.2m处，挂反光幕以提高温室的温度，高度在1.5m左右。但当蕨菜萌芽后就需立即撤掉。

③ 生产管理。

a. 勤松土。从土壤化冻时开始，揭掉地膜，在畦上的小行间进行多次松土。

b. 温度管理。预热后返青前，白天20℃左右，夜间13～15℃，萌芽后及采收期，白天15～20℃。不得超过22℃，否则影

图 3-48 蕨菜田间栽培

响嫩茎生长，夜间 12～13℃。如果温度过高，就要进行通风。通风时前期可以通过门窗进行通风，千万不能通底风。而且要背着风向通风。

c. 湿度管理。浇返青水，开始萌芽时浇 1 次返青水，水量适中，用温水。

d. 浇催茎水。萌芽后嫩茎在温室可控良好的温、湿环境条件下生长极为迅速，对肥水需要也快、多，所以要及时予以满足。一般 3 天浇 1 次水。这时的浇水不要过大，且要浇温水。

e. 追肥。进入采收期进行多次追肥，追肥是随着浇水进行，一般是“2 水 1 肥”，即第 1 次催茎水不追肥，在第 2 次催茎水之前追肥，用尿素每次 $15kg/667m^2$。

f. 软化处理。为了进一步提高品质，还可以进行培基质软化处理。最好使用珍珠岩或蛭石，也可使用消毒过的细河沙，随着嫩茎向上生长培基质，每次培沙 3cm，一般培 3 次即可，第 3 次培基质其上又长出 10～15cm 时就可以采收了。

g. 植株调整。在温室内进行促成生产，主要是利用植株体内贮藏的营养物质进行产品生产，当植株体内所贮藏的营养物质消耗殆尽时，生产就很快结束了。如果通过进行科学的植株调整，则产品高效生产能维持较长的时间。其方法也极为简单，即选第1次萌发出现的较为粗壮的嫩茎，每丛保留1株不采收，使其正常生长，以作为光合作用制造产物的植株——母株（植物学上的“库”），所制造的光合产物供给其株丛形成新的嫩茎。同时，还要对母株进行管理，其方法是，7～10天进行1次根外追肥，用0.2%的磷酸二氢钾，于傍晚前后喷在叶片的正面。通过这种方法，可以维持较长的嫩茎生产时间，产量和品质都能得到提高。

h. 遮光。从萌芽时开始，先将反光幕撤掉，然后，用50%遮光率的遮阳网，在温室内侧进行遮光，以保证蕨菜在适宜的弱光下茁壮生长，且有利于提高产品品质。

（4）采收　进行基质软化的，最后1次培沙以上又长出10～15cm，没有基质软化的长到20～25cm、叶柄幼嫩、小叶尚未展开呈拳钩状时及时采收。基质软化的要扒开基质采收，然后再培上。采收间隔的时间一般为7～10天。不留母株的一般采收3次生产就结束，而留母株的可以进行多次采收，直到出温室进入露地圃地培养为止。

3. 塑料大、中棚蕨菜反季节栽培技术

在东北地区利用塑料大中棚生产，可以达到春季提早和秋季延迟1～1.5个月以上；在华北西北地区可提早至3月，在华南地区可以进行越冬生产。

① 扣棚及整地。大中棚栽培蕨菜，要于头年冬上冻前将地平整好，支好骨架，并挖好压膜的沟，翌年春移植前20天左右将棚扣好，同时施优质有机肥3000kg，深翻30cm左右，并将粪土混匀。

② 移植时期、方法、密度。移植时期为3月上旬至4月上旬，也可以在头年的8～9月定植，翌年提早扣棚。早春定植时，当室

内10cm地温稳定在5℃时即可定植。移植后如果是单层膜覆盖，最低气温要稳定在3℃时可以移植；若移植后采用双层膜（大中棚外加内扣小扣棚）覆盖，可在0℃时移植。移植最好选在寒潮的尾期、暖潮刚来时的晴天上午进行，移植后有几个晴好天气有利于地温的回升，促进出苗。大中棚多采平畦条栽的栽培方式，移植后为促进地温回升，最好采用地膜覆盖的方式。

③ 移植后的管理。移植后立即闭棚提高温度，温度低时在棚内要临时搭设小拱棚，当棚内的气温达25℃时也不必放风，尽量白天积蓄较多的热量，如果夜间温度低要在棚的四周围草苫以进行保温。其他如肥水等管理与日光温室栽培管理基本相同。当外界气温升高，大中棚栽培要在最低气温在15℃时进行昼夜通风；当气温逐渐回升进入高温期，要将棚顶部的塑料卷到肩部固定，并撤掉四周的围裙，利用顶部的塑料进行遮阳栽培。采收期结束后，进入高温期，要加强肥水管理进入养根阶段，积累营养为明年生产打下基础。

4. 塑料小拱棚蕨菜反季节栽培技术

利用塑料小拱棚进行反季节栽培可以达到提早上市的目的，可比露地提早1个月左右。当外界最低气温在5℃以上，地表化冻达10cm时即可整地移植。选择地势平坦、向阳、背风的地块，整地、施肥、做畦、移植和露地相同，移植后地面覆盖地膜，插上骨架，覆盖塑料薄膜做成小拱棚，有条件的可以在小拱棚外覆盖草苫等覆盖物进行保温，白天撤掉覆盖物提高温度，夜晚再盖上。春天温度低，蕨菜生长速度慢，时间长，只要保持土壤湿润（底墒充足）即可，基本不用浇水。如果移植时土壤墒情不好，可在晴天的上午用喷壶浇少量水，切忌大水漫灌。随着外界温度的升高，白天可适当放风，放风时宜在小拱棚的顶部开风口，切忌在小拱棚的底部扒缝放扫地风。外界最低气温达到8℃以上时，可以去掉外保温覆盖材料。蕨菜长到20cm左右时即可采收。采收方法与露地相同。也可以在露地生产的基础上，在早春加扣小拱棚进行生产。

（三）采收

蕨菜的采集时间性较强，不可过早或过晚。过早，蕨菜茎芽尚小；过晚，则老化不能食用。根据各地气候和自然条件的差异，各地可灵活掌握。以蕨菜植株高20cm左右，羽状小叶尚未展开，呈“抱拳状”，此时为最佳采收期。采收时要戴上手套，选择长势好、鲜嫩、粗壮、无病虫浸染的植株（图3-49），把嫩茎叶从根状茎离地面2cm以上未老化处折断或用刀割断，然后立即把伤口部放入含有2.5% NaCl和10%柠檬酸的水溶液中，浸30min护色，以防褐变。采好的蕨菜要轻轻放入铺有柔软青草上面用湿布或青草覆盖的背笼中运回，防止日晒，不要挤、压、碰，以防碰伤和失水老化，切不可用麻袋或塑料袋装运。从背笼中取出，薄摊于阴湿通风处，以免堆积厚而发热霉烂，以备加工用。一年采收10～15次，667m^2可采收250kg左右。

图3-49　蕨菜采收

（四）病虫害防治

1. 灰霉病

主要危害植株的茎和叶。发病茎叶呈水渍状腐烂。一旦发现病害，应立即用 50%多菌灵可湿性粉剂或 70%代森锰锌可湿性粉剂 500 倍液喷雾，每隔 7～10 天 1 次，连续喷 2～3 次。

2. 立枯病

发病植株叶片绿色枯死，而茎秆下部腐烂，呈立枯状。发病初期病株生长停滞，缺少生机。然后出现枯萎，叶片下垂，最后枯死。病株根茎处变细，出现褐色、水渍状腐烂。潮湿时，自然状态下病斑处也会产生蛛丝状褐色丝体。防治方法是，苗床土壤进行消毒，并用腐熟肥料做基肥，忌积水。发现死苗应及时清除。定植后出现立枯病时，每隔 10 天喷 20%甲基立枯磷乳油 1500 倍液，或用 50%克菌丹可湿性粉剂或 50%福美双可湿性粉剂 500 倍液浇灌。

十一、马齿苋

（一）概述

马齿苋，别名马蛇子菜、马齿草、菜苋、长命花，为马齿苋科一年生草本植物。马齿苋起源于印度，几个世纪以来传播到世界各地，现墨西哥、欧洲、中国和中东都还是野生类型，在英国、法国、荷兰等西欧国家早已发展成为栽培蔬菜，马齿苋含去甲肾上腺素、脂肪酸、黄酮、强心苷及蒽醌类物质等，可用于治疗多种疾病，如糖尿病、肠炎、痢疾、阑尾炎、腮腺炎、乳腺炎、百日咳、肺脓肿、疮疡肿毒，外用可治丹毒、毒蛇咬伤等。而且马齿苋适应性强，几乎无病虫害，是一种很有发展前途的绿色保健蔬菜。

1. 形态特征

马齿苋（图3-50，彩图），肥厚多汁，无毛，高10～30cm。茎圆柱形，下部平卧，上部斜生或直立，多分枝，向阳面常带淡褐红色。叶互生或近对生；倒卵形、长圆形或匙形，长1～3cm，宽5～15mm，先端圆钝，有时微缺，基部狭窄成短柄，上面绿色，下面暗红色。花常3～5朵簇生于枝端（图3-51，彩图）；总苞片4～5枚，三角状卵形；萼片2，对生，卵形，长约4cm；花瓣5，淡黄色，倒卵形，基部与萼片同生于子房上；雄蕊8～12，花药黄色；雌蕊1，子房半下位，花柱4～5裂，线形，伸出雄蕊外。蒴果短圆锥形，长约5mm，棕色，盖裂。种子黑色，直径约1mm，表面具细点。花期5～8月，果期7～10月。

马齿苋有宽叶苋、窄叶苋、观赏苋3个品种。宽叶苋叶大而肥厚，但不耐寒，较抗旱，窄叶苋耐寒抗旱，但植株矮小；观赏苋只用于观赏。栽培品种主要是宽叶苋，马齿苋抗热、抗旱性极强，40℃以上依然生长良好，失水3～5天后遇水仍能成活。地温10℃以上萌发，28～34℃生长良好。对光照要求不严格，但强光易使植株老化，提早开花结实。

图3-50 马齿苋

图 3-51 马齿苋花

2. 对环境条件要求

马齿苋喜温和气候，稍耐低温，但怕霜冻，即使是轻霜，也能使植株死亡。特别是在苗期，温度低于 10℃，极易发生立枯病和猝倒病。10℃可以发芽，最适发芽温度 25～28℃，生长发育适宜温度为 20～30℃，气温低于 7℃，植株生长缓慢，气温高于 30℃，植物呼吸作用加强，不利于同化产物的积累，对生长发育不利。马齿苋属短日照植物。在长日照条件下，生殖生长推迟，有利于营养生长。因此，在中高纬度地区栽培马齿苋优于在低纬度地区栽培。喜光，但也能耐阴。马齿苋对土壤要求不严，但是为了获得高产，仍以富含有机质的沙性土壤最为适宜。喜湿不耐涝。所以，要求土壤排水条件良好。由于马齿苋全株肉质化，因此很耐干旱，但长期干旱会影响马齿苋的品质。

（二）栽培关键技术

1. 种苗繁育技术

（1）无性繁殖　采用温室栽培，一年四季均可扦插繁殖，扦插适宜温度为 18～25℃。采用基质进行扦插育苗，扦插前需对基质进行消毒处理，可用 40%甲醛 40～50 倍液喷洒，将基质均匀喷湿，然后用塑料薄膜覆盖24h以上，再揭去薄膜让基质风干14天左右，以消除残留药物危害。基质处理完成后便可以将分好的插穗扦插在营养体内，浇1次定根水，以浇透为宜，3～5天即可成活。插穗在扦插前用ABT2号生根粉进行处理，一般用50mg/L的ABT2号生根粉溶液浸条2～4h再扦插，1g生根粉可处理插条3000～5000根。ABT2号生根粉使用时需用酒精溶解，配制时将1g生根粉放入非金属容器中，倒入100～150g酒精溶解，边倒边搅拌，使生根粉充分溶解，最后加水稀释至所需浓度。可以从田间、菜园采集生长旺盛的嫩茎作插穗，每4～5节为1个插穗。采用基质（蛭石：草炭=1：1）扦插育苗，先将消毒过的基质装营养钵，然后将用生根粉处理过的插穗基部叶片除去，插入基质约1/2。扦插后应注意，寒冷季节时，要加盖塑料膜和草苫，待生根成活后即可揭去。夏季高温时，要注意遮阴，并于早晚各喷1次水，5～6天即可成活，一般扦插20天后即可定植。

（2）有性繁殖　选择地势平坦、排灌方便、杂草较少、土壤疏松肥沃的地块种植。施腐熟鸡粪1000kg/667m^2、有机肥100kg/667m^2、磷酸二铵150kg/667m^2、氮磷钾复合肥150kg/667m^2，深耕15～20cm，耙平地面。做1.0～1.2m宽的畦，沟宽40cm。撒播种子15～30kg/hm^2，马齿苋种子细小，为了使播种密度均匀，可将种子与其质量50～100倍的细沙混匀后再播。播后轻耙畦面，适当踩实，浇足底水。播种后至出苗遇干旱要喷水湿润。播种后应注意，寒冷季节时，要加盖塑料膜和草苫保温，等出苗后早揭晚盖，苗高3～4cm时可逐步除去覆盖物炼苗。夏季高温季节时，要用遮阳网遮阴，2～3天即可出苗，出苗后及时揭去遮阳网。

2. 日光温室马齿苋反季节栽培技术

（1）整地施肥　结合翻耕，施腐熟农家肥2000kg/667m^2，整平耕细，按南北向做成宽1.0～1.2m畦，畦间留有0.3～0.4m作业道。

（2）播种　日光温室栽培马齿苋一般根据市场需求确定播种时间，在7月到9月中旬采集种子，直播或育苗移植。

① 育苗移栽。苗床通过精细整地后进行播种。将种子拌细沙或草木灰，均匀地撒入畦面，用竹扫帚轻轻拍打畦面，使种子与畦面紧密接触，最后畦面盖草或地膜，保温保湿。出苗后揭去覆盖物，进行松土、除草和追肥。当苗高3.5～4.5cm时，选择根系发达的幼苗，按10cm×15cm的株行距进行移栽，每穴3株。栽后浇足水，保持土壤湿润，利于成活（图3-52）。

图3-52 马齿苋田间栽培

② 直播。顺畦按行距15～20cm开浅沟，沟深1～1.5cm，将种子拌细沙均匀地撒入沟内，覆土1cm，稍加镇压，土壤过干需浇透水，用种量0.50kg/667m²，在畦上按株距10cm开穴，穴深1～3cm，开大穴，穴底要求平整，将种子均匀地播入穴内，覆土1cm，稍镇压即可。

（3）田间管理　一般在9月下旬扣棚，白天保持25～28℃，晚间一般在10～13℃，当幼苗长至2～3cm高时，适当降低温度，防止徒长，以促进根系发育，茎粗叶厚。在苗高3～5cm时进行松土，并拔除杂草，施稀薄人畜粪水1000～1500kg/667m²，间隔10～15天叶面喷施叶面宝、喷得利、益久绿等叶面肥。浇水本着不干不浇的原则，切忌大水漫灌，浇水后及时放风，温室内湿度保持在75%～85%，当马齿苋长至10～15cm时即可采收。

（4）采收　马齿苋商品菜采收标准为开花前10～15cm长的嫩枝，因此，在现蕾前，可分期分批地采摘其幼嫩茎叶，及时供应市场；现蕾后应不断摘除顶尖，促进营养生长，保持幼嫩品质，继续分期分批采摘。

3. 塑料大棚马齿苋反季节栽培技术

野生马齿苋多生长在气候温暖湿润、土壤疏松肥沃、排水良好的山坡、山脚湿地、田边及沟旁等处。故在大棚中应模拟自然条件进行栽培。选用大叶型茎秆较粗、肉质较厚，质量较好的品种。

（1）整地施肥　马齿苋要求土壤排水良好、土层深厚、富含腐殖质、中性偏酸的沙壤土或壤土。播种前1个月左右先翻地并施入优质农家肥1000kg/667m^{2}作基肥。

（2）育苗移栽　在播种前几天把地耙细，整平作床，床宽以1.5m为宜，长根据播种面积而定。在选好的床内向下取土10cm，铺土厚度为1.5cm左右的稻草，再在上面铺上腐熟的优质农家肥与沙壤土的混合物8.5cm左右，农家肥与泥土的混合物比例以3∶1为宜，最后把床整平压实即可。畦面整平后开始浇水，浇到畦面的水能停留一会儿后再渗下为度，把种子与少量细沙混合拌匀后均匀地撒在床内，再在上面撒上一层细土，覆土厚度为0.5cm，铺上一层稻草或地膜保湿，最后插上弓架，盖上农用塑料薄膜即可。每667m^{2}用种量为0.6kg左右，育苗床的面积为25～30m^2。辽宁地区适宜播种期为3月上旬，地温稳定在10℃以上。出苗前要保持床面湿润，温度在20～25℃为宜，出苗后撤掉覆在畦面上的稻草或地膜，播种初期为提高地温，小拱棚白天撤掉，晚上覆盖，当苗高达到1cm时开始间苗，苗高达2cm时定苗，苗高达3cm时开始炼苗，即打开塑料薄膜，撤掉小拱棚。湿度管理上浇水要酌减，逐渐减少苗床湿度。苗高达3.5～4.5cm时，炼苗达7天以上即可开始移栽。栽前几小时要把苗床打透水，起苗时苗根部要多带土。按行距20cm，株距10～15cm，每穴2～3株苗为宜。栽后浇足水，保持土壤湿润，利于成活。

（3）田间直播　于播种前的15～20天扣棚，当棚内的土壤化冻后就可整地，撒施腐熟的农家肥2000kg/667m²，深翻20cm后耙平，按行距40cm左右起垄，在垄上开两条沟深2cm左右的浅沟，两条浅沟间距10cm，打足底水，然后用细沙与马齿苋种子混合后均匀地播入沟内，翻后覆细土0.5～1cm，压实并保持土壤湿润，需10天左右出苗。一般撒播用种600g/667m²左右，条播用种500g/667m²左右。

（4）田间管理

① 温湿度管理。在温度管理上，播种或移栽后温度可适当提高，白天保持25～30℃，夜间保持8℃以上，出苗或缓苗适当降低温度，白天保持20～25℃，夜间保持5℃以上；在水分管理上，经常保持土壤湿润，浇水在晴天的上午进行，以浇湿畦面为度，当外界温度升高后可进行大水漫灌。

② 中耕除草。田间直播后待幼苗高1～3cm即可进行第1次除草，除草后培土、淋灌，以促进根系发育和幼苗生长。

③ 间苗补苗。田间直播的苗高3cm左右开始间苗，苗高达5cm时按株距10cm左右定苗。每穴留苗2株。补苗不要伤根，不能过迟，宜选阴雨天气补苗。

④ 追肥。在生长旺季以前，可适当追施腐熟、稀薄的人粪尿促进其旺盛生长。注意不要追施尿素，以免植株老化，追肥以氮肥为主，播种出苗后进行第1次追肥，用1∶1.5的稀尿粪水或每50kg水加硫酸铵100g。以后每隔10天施肥1次，在封行前重施1次有机肥。

⑤ 摘蕾。6月前后，马齿苋先后进入结籽期，应及早将花蕾摘除，以保证产量并提高品质。如果欲在原地连续栽培，也可保留部分花蕾使其开花结籽落入地中，来年春天即可萌发。

4. 塑料小拱棚马齿苋反季节栽培技术

保护地栽培是马齿苋反季节栽培技术的关键。其目的就是根据马齿苋的生物学特性，为马齿苋的生长发育提供适宜的温湿度。简易棚灵活实用，但要因地而宜，一般可建成长30m、宽5m、高2.2m

的规格。从长远的角度来考虑，宜建钢管大棚，因为钢管大棚牢固耐用，不易被台风、大雪损毁，且平均每年的成本比竹棚还要低。据我们观察，马齿苋从播种到采收需要100天左右。以此为标准，并结合当地最佳上市时间，即可推算出具体的播种时间。一般情况下，每年的10～12月适宜反季节栽培。山东各地野生马齿苋在5～7月采摘上市。7～9月是野生马齿苋的花期和结果期，马齿苋开花后酸味加重，一般不宜采摘上市。

播种前，可施腐熟基肥2500～3000kg/667m^2。播种量掌握在2g/m^2，以实际栽培面积计算，一般每667m^2的实际栽培面积为400～450m^2。为了撒播均匀，需将种子同3倍于种子的细沙拌匀后再播，播后覆盖一层腐熟鸭粪或细土，厚度以不见种子为宜。播种后，关键在于闭棚保温保湿，以促进种子早发芽，但棚内气温过高（30℃以上）时应适当通风降温。在幼苗生长期间，可根据天气情况，选择中午通风1次，无病害的情况下通风时间掌握在1～3h，出现病害要及时开棚降温降湿，直到病害排除为止。无论是种子发芽期间，还是菜苗生长期间，夜间都应该闭棚保温。发现杂草，要随时拔除。马齿苋在肥水充足的条件下，生长得特别好，具有鲜、嫩、绿的优良商品特性，因此要及时补充水分和肥料。整个幼苗生长期间，土壤始终保持湿润状态。如果肥力不足，可施10%的人粪尿，少施或不施化肥，以发展有机食品，提高马齿苋的品质。

（三）采收

当植株高20～25cm时即可采收上市（图3-53），根据市场情况可一次性采收，也可分2～3次采收。分批采收要采大留小，以延长马齿苋的营养生长，采后每667m^2追施氮肥5kg并浇水，可提高种植产量。马齿苋开花后酸味加重，品质有所下降，因此通常在花前采收。

（四）病虫害防治

马齿苋具有野生特征，植株生长健壮，生活力极强，几乎不受病虫害的危害，偶尔也发生病虫害，但数量很少。

图 3-53 马齿苋采收

1. 病害

危害马齿苋的病害主要有白锈病、白粉病、菌核病、病毒病、叶斑病等。

白锈病主要为害叶片，感病叶片上先出现黄色斑块，边缘不明显，叶背面长出白色小疱斑，破裂后散出白色粉末。可在发病初期用25%甲霜灵800倍液或64%杀毒矾500倍液或58%瑞毒霉锰锌500倍液喷雾防治。

白粉病主要为害叶片，感病叶片上先出现白色粉斑，严重时茎叶上常布满白色粉状霉层，影响植株的光合作用，从而影响生长。可在发病初期用70%甲基托布津800～1000倍液、25%粉锈宁1500～2000倍液喷雾防治。

菌核病主要为害茎，初期茎部或茎基部出现水浸状病斑，后变软，湿度大时病部长出白色菌丝或黑色鼠粪状菌核。控制田间湿度可有效防止病害的发生。另外，发病初期可用25%甲霜灵800倍液、40%菌核净1000倍液、50%农利灵1500倍液喷雾防治。

病毒病可用20%病毒可湿性粉剂500倍液喷雾防治。

叶斑病可用75%百菌清600倍液、50%多菌灵800倍液、50%速克灵1500～2000倍液喷雾防治。

2. 虫害

危害马齿苋的害虫主要有马齿苋野螟和蜗牛。蜗牛（图3-54）喜阴湿的环境，干旱时，白天潜伏，夜间活动，爬过的地方留下黏液的痕迹。可撒生石灰防除，一般每667m^2用5～10kg生石灰，撒在植株附近，或夜间喷施70～100倍的氨水毒杀。马齿苋野螟可用10%杀灭菊酯乳油2000～3000倍液喷雾防治。

图3-54 蜗牛

此外，无论防治病害还是防治虫害，都应避免使用高毒、高残留的杀虫剂和杀菌剂，尽量选择农业防治法、物理防治法或生物防治法来代替化学防治法，并且要注意所用药剂的安全间隔期。

十二、刺嫩芽

（一）概述

刺嫩芽，又名龙芽楤木、辽东楤木、刺龙芽、刺老芽、鹊不踏等，为五加科楤木属多年生木本植物。食用部位为植株的新嫩叶芽，营养十分丰富，并具极高的药用价值。刺嫩芽含有多种生物活性物质，具有消炎利尿、补气安神、补腰肾、壮筋骨、强心健胃、祛风除湿、活血止痛等功效。在医疗保健中起到降血脂、降血糖、抗辐射、抗衰老、抗疲劳、抗癌等作用。根据有关专家分析测定，每 100g 的新鲜嫩芽中，含胡萝卜素 4.23mg、维生素 C 38mg、蛋白质 560mg、脂肪 340mg、还原糖 1440mg、有机酸 680mg，此外还含有维生素 B_1、维生素 B_2、粗纤维以及磷、钙、锌、镁、铁、钾等 16 种以上矿物质，富含人体必需的亮氨酸、赖氨酸、精氨酸等 15 种以上氨基酸，被誉为“山野菜之王”和“人参蔬菜”。

刺嫩芽原产于中国，主要分布于中国的东北三省，西北、西南地区亦有零星分布。此外，朝鲜、日本及俄罗斯的西伯利亚地区也有少量分布。常散生于海拔 1000m 以下的阔叶林或杂灌木次生林内或林缘，时常呈群落分布；也少数成片生长于红松林下、针阔混交林下及山阴坡、沟边以及火烧迹地等。

刺嫩芽的国际市场价格为每吨 1 万元人民币以上。在国内市场，逢年过节，价格可达到 70～80 元/kg。如果反季节利用刺嫩芽的茎秆用于温室生产，可充分利用其顶芽和侧芽盈利，顶芽和侧芽的产量大约分别为 60kg/667m^2 和 250kg/667m^2，若赶在春节前上市，市场价可分别达到 60 元/kg 和 40 元/kg，产值达 0.36 万元/667m^2 和 1 万元/667m^2，两项合计总产值 1.36 万元/667m^2，经济效益显著。人工栽培刺嫩芽是一项投资少、见效快、效益高的致富项目，有着十分广阔的发展前景。

1. 形态特征

刺嫩芽（图 3-55，彩图）为多年生灌木或落叶小乔木，高 1.5～6m，树皮灰色，密生坚刺，老时逐渐脱落，仅留刺基。小枝淡黄色，密生针状刺。叶大，互生，2～3 回奇数羽状复叶，叶柄长 20～40cm，常集生于枝端；叶柄、叶轴及小叶轴均有刺；羽片有小叶 7～11 片，基部另有小叶 1 对；叶片卵形或椭圆状卵形，长 5～11cm，宽 2.5～8cm，先端渐尖，基部圆形，宽楔形或微心形，边缘疏生锯齿，上面绿色，下面灰绿色。伞形花序聚生为顶生伞房

图 3-55　刺嫩芽

状圆锥花序，花序长 30～50cm；主轴短，长 2～5cm；花萼杯状，边缘有 5 齿；花为淡黄白色，花瓣 5，雄蕊 5；子房下位，5 室，花柱 5，离生或基部合生。浆果状核果，呈球形，具 5 棱，直径 0.4cm，成熟时呈黑色。花期 6～8 月，果期 9～10 月。

2. 对环境条件要求

刺嫩芽喜低温潮湿环境，极耐严寒，在－40℃的低温下能正常越冬，最适生长温度为 15～20℃，5℃以上就能缓慢生长，温度如果超过 25℃，生长变缓慢且易发生灰霉病和软腐病等病害，在适温范围内，温度偏低时芽粗壮、鲜嫩，高温时芽长得瘦弱。最适空气相对湿度为 30%～60%。对土壤要求不严，耐贫瘠，在一般土壤中均能生长，喜肥沃而略偏酸性（pH 值<7)、腐殖质丰富的腐殖土和沙质壤土。刺嫩芽生性耐阴又喜光、对光照要求不高，但温暖湿润、阳光充足的环境利于其旺盛生长。刺嫩芽喜水、耐旱，但怕涝，对环境的适应性较强。

（二）栽培关键技术

1. 种苗繁育技术

刺嫩芽的种苗繁育有多种方法，大体分为有性繁殖（即种子繁殖）和无性繁殖。无性繁殖又主要包括埋根、分株、扦插（茎段扦插、根段扦插）和组织培养等。

（1）有性繁殖 刺嫩芽的种子具有胚后熟特性，采收后需及时对种子进行保湿处理，否则，种子会失去生活力。采收后要人为创造适宜的温、湿度条件，使种胚继续发育，再经冷冻冷藏变温处理或利用激素打破种子休眠，才可以得到80%以上的出苗率。具体操作是，9月下旬至10月中旬，采集成熟度好、籽粒饱满的刺嫩芽种子，放在通风阴凉处保存1个月左右。11月中下旬，将刺嫩芽种子用30～50℃的温水浸泡4～24h后，捞出沥干水，按种子与细河沙1∶(3～5）比例充分混合、拌匀，厚度为5～10cm，含水量保持在手握成团，松手散开的程度，装入透气的袋子或木箱中，保持湿度在60%～70%，置于温度0～5℃的低温条件下，每隔15天翻动检查1次。到1月上中旬，将种子移到－5～0℃的地方进行冷冻处理，播种前2～3周将种子取出，放在背风向阳的地方，温度保持在15～25℃催芽，保持种沙湿度60%左右，发现有30%～50%种子裂嘴时即可播种。该方法为大多数农民所采用，其优点是技术容易掌握，成本低，可批量生产，苗整齐，便于管理。缺点是其种子发芽率很低，繁殖速度慢。

（2）无性繁殖

① 埋根繁殖。春季在树液流动前采集根条，防止风吹日晒，做到随剪随埋，但不能顶冻刨根，根条粗最好为0.6～1.5cm。将根条剪成12～15cm长的根段，捆成小把，用湿沙埋藏备用。在已经做好的床面上横向开沟，把根段埋在沟中。床面埋根株行距15cm×20cm，或株行距10cm×10cm，双行。覆土厚1.5～2cm，镇压，浇透水，有条件的可用3号ABT生根粉，在埋根前把根段浸泡1h，埋根后盖上干草或干树叶，注意保持表土层的湿润，保持湿度，有利于出芽。为防止根段腐烂，挖根时应注意防止伤根，用50倍的苯菌灵或甲基托布津进行浸渍处理。在运输过程中既要保持根段的水分，又要注意通风透气，以避免根段伤热霉变，埋根繁殖是简单易行，成本低，生产周期短的快速繁殖方法，1年内可生产出数十万苗木。

② 分株繁殖。刺嫩芽的根常水平生长，并且肉质根发达，当地上植株被砍去后，根有很强的萌芽能力。利用这一特点，可在春季萌芽前将刺嫩芽植株周围的根切断，则切断的根会自然萌发形成新植株，从而达到分株繁殖的目的。

③ 扦插繁殖。在春夏季从山野林地上挖取刺少、生育旺盛、枝条粗壮、整齐、发枝力强、新芽色泽鲜艳深绿的野生枝条，剪成15cm 小段，扦插前挖好培植沟，将准备好的枝条斜插在苗床里，株行距（15～20）cm×60cm，扦插后可撒布药土，然后覆土厚5～6cm，最后覆盖稻草保湿。30～40 天就开始萌芽，到当年秋季的株高至少可达 50cm 以上。刺嫩芽扦插繁殖的成活率较高，可收到快繁速育的良好效果，但扦插繁殖对野生资源破坏很严重。

④ 组织培养。

a. 诱导分化培养。在 2～3 月采割刺嫩芽 1～2cm 粗的枝条，在温室或室内水浸基部，促其休眠芽萌发。待萌芽 7～14 天，芽长至 2～3cm 时，选取幼嫩叶芽部分作外植体，先用 70%的酒精浸泡消毒 30s，然后用 0.1% HgCl 溶液或用 5%次氯酸钠溶液（每100mL 加 1 滴吐温 80）灭菌 5～8min，再用无菌水冲洗 4～5 次。将芽段切成 0.5～1cm 大小的小段，接种于制备好的诱导培养基（MS＋0.5mg/L 6-BA＋1mg/L 2,4-D）中，在 23～26℃、光照1500～2000lx、每日光照 12～16h 条件下培养。待长出愈伤组织后，再转接进行分化培养，愈伤组织切成 0.5cm^2 小块后转移到继代培养基中继续诱导芽分化。

b. 生根培养。在继代培养基（MS＋1mg/L 6-BA＋1mg/L 2,4-D）中经过 30 天左右，芽长到 1～2cm 小苗时切下转入生根培养基（1/2MS＋A0.1mg/L NA＋A0.2mg/L IA＋4.0g/L 琼脂＋15g/L 蔗糖，pH 值 5.8，高压灭菌），经 10～15 天培养，生根率可达 100%，且根系发育正常。

c. 组织苗的移栽。待根长出 2cm 左右时，打开瓶口炼苗 1～2天，然后移栽穴盘内草炭和蛭石（1：1）基质中。罩塑料膜保温保湿，7～8 天后，逐渐通风，再炼苗 5 天后，可完全放开，成活率达 90%以上。待苗长出 2 片真叶，苗高 5cm 左右后，将苗带基质坨移到 8cm×8cm 营养钵中，营养钵基质为经过消毒并加有肥料的粪土，经培养 40～50 天，苗高 15～20cm 时可定植。

该方法是采用生物技术，取刺嫩芽茎尖组织，在实验室利用试管培养、增殖，繁殖系数达 1∶100000，利用生物技术进行刺嫩芽育苗，解决了用种子繁殖系数低、成苗慢、天然变异大的问题。此法繁殖系数大，可进行工厂化育苗，实行大面积推广栽培，但较种子繁殖成本高。

2. 日光温室刺嫩芽反季节栽培技术

日光温室水培的刺嫩芽可供应淡季市场，弥补供给空缺，从而提高效益。冬季反季节栽培，赶在元旦至春节期间上市，价格（人民币）为 30 元/kg，最高达 40 元/kg。日光温室水培由于增加了密度，提高了产量，效益大增。按每平方米最低产量 0.75kg 计，每 667m^2日光温室最低可产 450kg，收入在 13500 元以上，而日光温室水培刺嫩芽时间最长也只有 60 天。

（1）水培法

① 水床的制作。事先应在温室内建造水床，水床的档次可根据经济条件来定，条件好的可以建造水泥床，施行工厂化生产。首先将日光温室内平整好，用水泥、红砖修建成栽培池，南北走向，宽 80～130cm，高 20cm（以充分利用土地和空间、方便管理为目的，没有固定要求），地面稍微倾斜，便于排水，然后将栽培池铺上 0.05mm 厚防寒膜（要求不漏水），并包住砖面，向池内注入干净的水。

一般来说，可采用简单实用的土床，不需要太多的投资。床的规格为宽 1.2m 左右，过宽不利于人工作业，过窄则浪费温室的使用面积。方向应该是南北纵向，床间步道宽 30cm，沿温室后墙的步道宽为 70cm，沿温室前底边留出 50cm，然后沿前底角挖条排水沟，便于换水时把废水排出。做床时应做成 15～20cm 高的床，并且床底要高于排水沟，而且要平整，要稍微向排水沟一侧倾斜，这样便于换水时把废水排到沟里。做完土床后再按照床的规格做成 15～20cm 高的木框放到床面上，木框靠近排水沟一侧应留排水口。做完床后用厚度 0.05m 以上的农膜铺设到床内，膜四周要搭在木框外面，值得注意的是厚度低于 0.05mm 的农膜很容易被扎破，为了安全起见，最好在床底平铺一层玻璃丝布或塑料编织袋或麻袋布等物。

② 栽培时间的确定。刺嫩芽在温室内栽好之后，第 12 天即开始萌发，30 天开始收获，收获期 7 天左右，生产时间应确立在计划销售时间的前 40～60 天内。如果能达到一冬生产两茬的水平，温室效益将成倍增加。

③ 水培生产。将捆好的刺嫩芽枝条（直径 1cm 以上，长度 25～40cm，每 50 根或 100 根捆成一捆）头朝上，轻轻紧凑摆放到水床里，保持直立状态，用手将上部散开，700～1000 株/m^2，然后放入高 6～10cm 的深水。灌完水需要用多菌灵 800～1000 倍液和赤霉素 50mL/L 兑到一起对茎进行喷雾处理。最后一道工序是搭小拱棚竹弓扣膜。拱棚应尽量高些，以利于芽的生长。保持室温 20℃左右，10～15 天，待枝芽吸水变紫色，芽将萌动时进行温室管理（图 3-56，彩图）。

图 3-56 刺嫩芽的温室栽培

④ 田间管理。前 3 天要逐个枝条上充分均匀喷水，以防枝条进入温室后因高温骤然失水。水培开始时，水槽里水深控制在

10cm左右，每5～6天换1次水。当嫩芽长到4～5cm时，每3天换1次水，并将水深控制在12cm左右。换水时先将水槽里的水通过排水沟放净，用清水冲一遍，然后注入新水。到了中后期将水深控制在15～20cm，此时不能往嫩芽上喷水。整个水培过程中只用清水，不加任何营养液，完全靠枝条积累的营养供嫩芽生长的需要。芽出齐后10天左右，即可喷施液体化肥或植物生长调节剂，用来作为养分的补充。目前，市场上出售的液体化肥和植物生长调节剂除磷酸二氢钾、喷施宝、植物动力等以外，还有许多其他产品，可购买当地有售的产品，依照说明书施用。为了防治灰霉病和软腐病，最好是将百菌清或代森锌混合施用。随着嫩芽的生长，密度不断地加大，要及时放风，防止嫩芽过嫩感染病害。白天温度一般控制在20℃，绝不能超过25℃；夜间温度在10℃，温度过高芽菜容易徒长变细，温度过低芽菜停止生长。湿度控制在90%～100%，在生长后期，偶尔在上午揭开小拱棚晾晒1～2h，刺嫩芽生长不需要强光照，芽苞萌发后可在温室棚膜下设遮阳网避免强光照射。

⑤ 采收及采收后管理。芽长到10cm左右即可收获，收获前1天把膜揭开晾晒1天，目的是降低一下芽的水分，延长贮藏期，采收时不要用手，这样会降低芽的单重，最好是用刀片抹根削下，削下的芽要整齐而松散地放在箱里。另外，采收时应尽量避免碰伤相邻不够采收规格的芽，然后扣上膜待下一期采收。一般可采收2～3次，持续时间90天左右。

日光温室除了水培法外，还可使用传统的土培法。

（2）土培法

① 整地施肥。入冬前在日光温室内，每667m²施农家肥2000kg，深翻耙平，采取南北向，按行距50～60cm、株距40～45cm栽苗，日光温室667m²栽苗2700～2900株，栽苗要选整齐一致的苗，定植水要浇足，水渗下后按土。

② 田间管理。日光温室在春节前50天左右开始升温，考虑到严冬覆盖薄膜作业比较麻烦，可提前覆盖，盖上草苫不见阳光保持低温，使刺嫩芽始终处在休眠状态。白天卷起草苫，密闭不

放风，午前适当提早放下草苫，尽量提高温度。经过一段高温，土壤化冻，地温达到12℃以上时，刺嫩芽解除休眠，开始萌发生长，白天气温超过25℃放风，午后气温降到20℃时闭棚，降到15℃时放下草苫。前半夜保持15℃左右，后半夜保持10℃左右，凌晨最好不低于8℃，遇到灾害性天气，降到5℃左右，对生长也不会有较大影响。刺嫩芽休眠前已经将大量养分贮存在树体中，一般不需要追肥。由于根系强大，入土较深，吸收能力强，不出现缺水现象时不需要浇水。但是日光温室密闭的条件下，有时深层土壤水分已经不足，表土仍较湿润，似乎并不缺水；但如不及时浇水，对刺嫩芽的生长也会产生影响，应观察植株长势，检查20cm深的土壤含水量，水分不足时及时浇水。浇水应在低温阴雨天气刚过去，晴好天气开始时进行，浇水后加强放风，防止空气湿度过高。

③ 采收及采收后的管理。正常年分，日光温室升温45天后，刺嫩芽枝条顶端萌发的嫩芽即可达到采收标准。采收要在早晨气温低时进行，摘下来的嫩芽选长短一致的捆成小把，每把100～150g，装入小塑料袋，袋上扎些小孔透气，再装入衬牛皮纸的纸箱或筐中上市。

刺嫩芽的日光温室反季节栽培，主要靠露地培养苗木阶段树体贮存充足的养分，并经过自然休眠，再给予适宜的生长条件，萌发生长。不论日光温室冬季生产或塑料大棚早春栽培，连续采收两茬嫩芽，养分已消耗殆尽，需要恢复生长，继续培养苗木，为下一年生产做准备。具体方法是采收结束后立即进行平茬，在地面上10cm左右高度剪断，挖出植株移栽到露地苗床。育苗畦宽1～1.2m，长8～10m，畦面铺2cm厚农家肥，翻15cm深，整平畦面，按20cm行距开沟，20cm株距栽苗，浇足水，水渗下后封垫。移栽成活后，植株基部萌发根蘖苗，选留1株壮苗进行培养，方法参照前面种苗繁育部分。

日光温室的秋冬茬蔬菜适宜种植小白菜、油菜等一次性收获的蔬菜，以利于水培刺嫩芽。刺嫩芽收获后的冬春茬可种植温室黄瓜、番茄等蔬菜。由于日光温室水培刺嫩芽的时间是东北地区最冷的时间，大部分蔬菜低于 10℃易发生生长停滞现象，但刺嫩芽在 5～10℃条件下仍可生长，所以可把严冬无法生产普通蔬菜闲置期的温室加以利用。

3. 塑料大棚刺嫩芽反季节栽培技术

塑料大棚栽培刺嫩芽，覆盖薄膜时间不像日光温室那样严格，因为生产在春季进行，刺嫩芽自然休眠的需冷量已经满足，只要覆盖上薄膜，提高温度，土壤化冻，地温上升到 10℃以上就能萌发生长。但是塑料大棚没有外保温设备，覆盖过早遇到灾害性天气容易出现霜冻，刺嫩芽虽然耐寒，刚萌发的嫩芽未经过锻炼，即使不受冻害，也影响正常生长，延迟采收期，降低产量、品质。大棚覆盖薄膜时间，应根据当地近 2 年(或以上)早春棚内气温不再降到 0℃以下的日期，向前推算 30 天左右为宜。

大棚场地冬天降雪后必须及时清除积雪，以免生产期土壤湿度过高，不便于管理。大棚覆盖薄膜后密闭不放风，提高温度促使土壤化冻。在刺嫩芽未解除休眠阶段，气温超过 30℃，凌晨降到 0℃以下，对植株均无影响。当地温上升到 10℃左右时根系开始活动，覆盖薄膜 1 个月左右，嫩芽开始萌发，这时可以尽量创造与自然界相近的气候条件，白天提早放风，随着太阳的升起，逐渐加大放风量，使棚内温度与外界温度同步升高，避免棚温突然升高。午后棚温降到 20℃左右时闭棚，使棚内有较多的热量，缩短低温时间，有利于植株萌发生长。

大棚土壤化冻后进行 1 次中耕，萌发前不浇水，萌发后在土壤不缺水时也不需浇水，只有发现土壤水分不足时才浇水，浇水量比日光温室大，土壤见干时进行中耕保墒。

塑料大棚早春生产，温度、光照条件比较优越，刺嫩芽生长快，升温 3～4 周即可达到采收标准，用小塑料袋包装即可上市。同日光温室一样，塑料大棚也可 1 年采收两茬。

用于刺嫩芽反季节生产的枝干粗度在 1.4cm 以上、长度在 50～60cm、木质化良好、干皮无机械损伤，嫩芽产量最高、质量最好。

（三）采收

采收的主要标准是芽肥短、肉厚、鲜嫩、无木质、清香味浓（图 3-57）。顶芽长 6～15cm，叶尚未展时进行采收，芽长到 10cm 左右时品质最佳。主芽采后，侧芽萌发，生育期长地区，还可采 1～2 次。生育期短的地区，最好不采侧芽。过早收获，嫩芽小、产量低，过晚则叶已展开，在实际应用时，具体采摘时间与当年春季的气温回升情况有关。因此，采摘前应密切观察芽的生长进程，以免错过最佳采收时间。刺嫩芽宜在天气晴朗的早晨和上午进行采摘，采时用修枝剪剪下或用小刀割下或专用夹子将嫩芽轻轻夹下即可，装入竹筐、纸箱或编织袋中上市销售。如果是在下午或者傍晚采摘，由于伤口不能马上得到阳光的照射，伤口处的树胶不能及时凝固，树干的伤流会相应增加，这对树体健康极为不利。

图 3-57　采收后的刺嫩芽

春季采收时间为 4 月下旬至 5 月中旬。冬季温室反季节栽培可人为掌握温度调整生长速度，决定上市时间，也可根据市场行情来掌握收获时间。树段粗壮时，20～30 个芽可收 500g，一般情况 30～40 个芽可收 500g，约可收获 10kg/m^2。

（四）病虫害防治

刺嫩芽在生长过程中常见的病害有茎腐病、立枯病、猝倒病、疮痂病、灰霉病、软腐病等。

1. 病害

（1）茎腐病

【症状】 茎腐病主要发生在扦插初期，病情发展快速，主要为害茎芽，使其水分失调，导致扦插茎段死亡。

【发病规律】 多发生于茎部近土表层部位。由半知菌、子囊菌所致，机械损伤、冻伤、高温灼伤，均能诱发该病。

【防治方法】

a. 扦插茎段要选择健康、无病虫害、抗病性强的品种，以增加对茎腐病害的抵抗力。

b. 扦插茎段和扦插基质、水等材料，一定要无菌操作，降低茎腐病的侵染概率。

c. 扦插时手上要戴无菌手套，保持温室内空气清新，加强通风。并对扦插茎段喷施75％农用链霉素2800倍，连续喷洒茎段基部2次，发病较重时及时喷施70％多菌灵1500倍液，5天喷1次，连续喷施3次。

（2）立枯病

【症状】 立枯病在育苗期多有发生，为害幼苗的茎基部或地下根部。受害幼苗茎基部细小，病斑扩展后表皮变色腐烂，植株出现萎蔫现象，病株早晚可恢复直立后枯死。

【发病规律】 病菌主要在土壤的植物残体上生活，土壤带菌是侵染幼苗的主要病菌来源。连作地、田间农事操作伤及根系、土壤雨季积水等状况都将加快加重病害的发生与蔓延。

【防治方法】

a. 实生苗木定植时，用200倍液的雷多米尔·锰锌蘸根移栽。种根扦插前用上述药液浸泡30min。

b. 栽植地应选土壤疏松、排水良好的田块，雨季注意排涝，田间作业避免根系伤害。

c. 雨季前，用65%敌克松2g/m²兑土撒施。发病初期用50%多菌灵可湿性粉剂500倍液喷植株防立枯病。发病时，用65%代森锌500倍液或50%甲基托布津800倍液喷施茎叶。

(3) 猝倒病

【症状】猝倒病主要在幼苗期发病，发病的幼苗茎基部病斑不但上下扩展延伸，而且使茎溢缩变细，最后幼苗倒伏死亡。

【发病规律】培育幼苗的苗床温度低、阴雨连绵天气、光照不足、幼苗生长势不强时易发生此病。

【防治方法】

a. 播种时，用40%五氯硝基苯10g加细土10kg拌匀作为土壤消毒剂。先将1/3药土撒于床面上，播种后把余下2/3药土覆盖在床面上。

b. 幼苗出土后要及时炼苗，苗床浇水应小水勤浇。

c. 发病初期可用58%雷多米尔·锰锌500～600倍液，或64%杀毒矾500～600倍液，或75%百菌清600～800倍液，或72.2%普力克600～700倍液喷施。药剂每隔1周1次，需喷1～2次。

(4) 疮痂病

【症状】此病在叶、叶柄和主茎上均有发生。叶片受害病斑部呈浅绿色或蜡黄色，病斑多时引起叶片扭曲畸形，重时叶片脱落。叶柄及主茎发病时灰褐色病斑融合一起，形成许多散生或群生的病状突起或粗皮状的病斑。

【发病规律】疮痂病病菌主要在感病枝叶或主茎上病斑内越冬，翌年当春季阴雨潮湿天气，温度达到15℃以上时，病菌产生孢子借风、雨和昆虫传播。春末或晚秋时期，如遇阴雨连绵、多雾的早晨，病害侵染流行更甚。

【防治方法】

a. 秋季清除病枝落叶，并用石硫合剂20倍液全株喷施。

b. 春末时期用75%百菌清500倍液或用50%退菌特500倍液喷施；晚秋时期可用50%甲基托布津600～800倍液喷施。

(5) 灰霉病、软腐病

【症状】两种病害主要是在温室生产刺嫩芽时为害嫩芽。灰霉病发病初期在茎秆切口的表面上生有灰霉层，呈水腐状，发出的嫩芽受到侵染后组织软化，温室湿度高时芽的表面生有灰霉并逐渐腐烂。软腐病发病时嫩芽呈现黏滑软腐状并有腐臭味，后逐渐腐烂。

【发病规律】两种病害在高温高湿的条件下易侵染，病菌主要从柔嫩组织或伤口侵入，温室生产中发病是由中心病株迅速向周围扩展蔓延，严重时甚至绝收。

【防治方法】

a. 发病初期于发芽前，用50%多菌灵500倍液对床面和茎秆喷洒消毒，当嫩芽长到5cm长左右时，再将上述药液兑磷酸二氢钾喷施1次即可。

b. 嫩芽长到5cm以后，间歇式揭布晾芽，同时把温度控制在20℃以内，定期定时更换水槽清水。

c. 及时清除床面病芽并喷药防治，灰霉病在发病初期喷施50%速克灵或扑海因1500倍液或1∶1∶200波尔多液或40%多硫悬浮剂600倍液或50%灰霉灵500倍液或多菌灵可湿性粉剂500倍液喷雾，隔5～7天喷1次，视病情连喷2～3次即可。软腐病在发病初期喷施47%加瑞农可湿性粉剂600～800倍液（用药量0.15～0.18kg/667m^2），或72.2%普力克水溶性液剂1000倍液（用药量0.1kg/667m^2），或丰护胺可湿性粉剂800倍液（用药量0.125kg/667m^2），或农用链霉素5000倍液或代森铵600～800倍液或代森锌500倍液喷雾，每隔7～10天喷1次，连喷2～3次，重病田也可采用药液浇根的办法防病。

采收时避免碰伤未达到商品标准的嫩芽，采摘后的茎秆随时清理出水槽。

(6) 疫霉根腐病

【症状】疫霉根腐病多发生在植株的茎基部或根部，病部呈现褐色斑纹并逐渐扩大凹陷，严重时病斑绕茎基部一周，使其根茎基部腐烂同时也不产生新根，地上茎叶逐渐萎蔫枯死。

【发病规律】此病是由寄生疫霉和辣椒的疫霉侵染所致，地温低、湿度大或高温高湿条件下易发病。

【防治方法】

a. 预防为主，冬、春季及时清除田间病株残体、枯枝落叶，集中烧毁或深埋。

b. 栽植地不能重茬，同一块地种植须间隔期2年以上。

c. 施肥时要注意配方施肥，避免偏施氮肥，提高刺嫩芽的抗病能力，株行距要适宜，以利通风降湿。

d. 定植后，适时浇水，保持土壤见干见湿，适当中耕松土。

e. 发病初期可用乙膦铝可湿性粉剂500倍液喷雾或灌根，或58%雷多米尔·锰锌700倍液或64%杀毒矾500倍液或50%甲霜铜600倍液灌根。每株使用药液500mL，每周灌1次，需灌2～3次。

2. 虫害

(1) 蚜虫

① 危害。蚜虫主要以成虫和若虫附在叶片背面和幼嫩的组织上吸食植物汁液，受害的叶片和嫩茎生长缓慢、萎蔫，甚至枯死。蚜虫的发生，主要是因为温室内湿度和温度过高，通风也不好，扦插茎段带虫卵等。所以，生产上要严格控制温室内的湿度和温度，及时通风换气，选择健康、无病虫害的茎段。

② 防治方法。

a. 结合扦插后的管理，要及时发现害虫，一旦发现，及时处理。发生较轻的，可人工摘虫，集中烧毁。

b. 蚜虫喜欢烟草、白菜等农作物，所以，选择温室地址时，要尽量避开这些农作物。

c. 当扦插植株的芽开始萌动生长时，扦插茎段喷洒60%的溴氰菊酯乳300倍液，及时进行预防。

d. 蚜虫的防治可选用50%辛硫磷乳油800～1500倍液，或65%螨蚜威可湿性粉剂600～700倍液，或40%乐果乳油1000倍液，或2.5%保得乳油1500～2000倍液等杀虫剂，防治适期为顶芽刚露头且有蚜虫为害时，采取喷雾或涂抹茎尖即可。当蚜虫发生面积较大时，要喷洒15%扑虱灵3000倍液，5天喷1次，连续喷施2次。

(2) 蝼蛄

① 危害。蝼蛄成虫和若虫在土中咬食刚播下的种子和幼芽，或将幼苗根、茎部咬断，使幼苗枯死，受害的根部呈乱麻状。

② 防治方法。

a. 利用灯光或新鲜的牛、马粪便诱集成虫集中捕杀。

b. 药物防治。用0.5%敌百虫粉剂0.5kg拌细土10kg，在翻地前撒在地表上；取适量的面粉炒香，用90%晶体敌百虫按1∶30的比例溶化成药液，搅拌于面粉中，撒在床面或蝼蛄经常出没处诱杀；40%的乐果乳油加10倍量的水拌入炒香的面粉中制成药丸放在床面或洞穴四周诱杀。

十三、柳蒿

(一) 概述

柳蒿，又名柳叶蒿、蒌蒿、水蒿、白蒿、柳蒿芽、解毒蒿、减肥草、降压菜等，为菊科蒿属宿根多年生草本植物，其味道略带苦味，似柳叶，故名柳蒿，食用部位为嫩茎叶，经常食用有益人体健康。

柳蒿含有多种氨基酸和维生素，矿物质含量也较丰富。柳蒿每100g鲜茎叶中含水82g、蛋白质3.7g、脂肪0.7g、碳水化合物9.0g、膳食纤维2.1g、胡萝卜素4.4mg、维生素C 23mg、维生素B_2 0.30mg、烟酸1.3mg，此外，还含有钾（3.9mg）、钙（1.91mg）、镁（0.56mg）、磷（0.89mg）等微量元素。与素称蔬菜王的番茄和胡萝卜相比，蛋白质含量是番茄的4倍，胡萝卜的6倍；膳食纤维含量是番茄的5倍，胡萝卜的3倍；胡萝卜素含量是番茄的17倍，是胡萝卜的1.2倍；维生素B_2的含量是番茄的10倍，胡萝卜的3.8倍；维生素C的含量是番茄的2.1倍，胡萝卜的1.8倍。此外，每100g干品中含钾1960mg、钙950mg、镁260mg、磷

415mg、钠 38mg、铁 13.9mg、锰 11.9mg、锌 2.6mg、铜 1.7mg，且含有 17 种氨基酸，种类齐全，分布合理，其中包括苏氨酸、赖氨酸等人体必需的 9 种氨基酸，每天摄入 100g 鲜品，即可满足成年人一天的必需氨基酸需要量，是难得的高蛋白植物食品。柳蒿不但营养丰富，还具有食疗和药疗的保健作用。柳蒿食用方法多样，可加工成罐头、香醋和发酵酒等。可健脾开胃、清热解毒、活血通络。常食有减肥、抗氧化、抗突变、增强免疫力、降脂、降压、降糖等功效，对于肝炎及肝硬化有特殊的疗效和防治作用。

分布于中国东北（黑龙江、吉林、辽宁）和内蒙古、华北、华中地区，朝鲜、蒙古、俄罗斯西伯利亚及远东地区等。在我国，主要集中在内蒙古呼伦贝尔市及黑龙江大兴安岭地区的塔河、加格达奇地区。柳蒿喜生于海拔 200～800m（低海拔或中海拔）湿润或半湿润地区，多生长在荒草湿地、河岸沟边、林缘路边、森林草原、灌木丛及沼泽地的边缘。

在国内外日益推崇天然无公害绿色食品的今天，柳蒿作为高档绿色蔬菜，已经成为国宴用菜，柳蒿酒和柳蒿茶已经是许多国际性会议的指定用品，一般每 667m^2 可采收柳蒿 1000kg，对其进行人工栽培，可以获得较高的经济效益。

1. 形态特征

柳蒿（图 3-58，彩图），一般株高 30～70cm，在栽培条件下最高可达 160cm。茎属根状，稍粗，直径 0.3～0.4cm；根有白色根茎和须根，主根细长，侧根稍多；地下根茎横走，地上茎直立，单生或上部分枝，较光滑，直径可达 4～8cm，具纵条棱而呈紫红色或紫褐色，中部以上有向上斜展的分枝，枝长 4～10cm，茎、枝被蛛丝状薄毛或无毛。单叶互生，叶背灰白，叶表光亮有蜡质且芳香味浓；基部叶片花期枯萎，下部叶及中部叶矩圆形、椭圆状披针形或条状披针形，长 4～10cm，宽 1.5～3cm，先端渐尖，每侧边缘具 1～3 枚深或浅裂齿或锯齿，基部楔形，渐狭成柄状；叶无柄，具 1～2 对条形假托叶或叶全缘或具疏齿，上面绿色或被短柔毛或

图 3-58 柳蒿

无茸毛，下面密被灰白色毡毛。头状花序，椭圆形或长圆形或钟形，长 4～5mm，直径 2.5～4mm，有短梗或近无梗，倾斜或直立，多为密集圆锥状排列；总苞片 3～4 层，覆瓦状排列，外层总苞片略小，卵形，无毛或疏被蛛丝状毛；内层椭 圆形或矩圆形，边缘膜质有毛；花紫红色，边缘小花雌性，10～15 朵，管状，中央小花两性，20～30 朵，钟形。瘦果，倒卵形或长圆形，长约 1.5mm，黄褐色，花期 7～8 月，果实期 8～10 月，千粒重约 0.3g。

2. 对环境条件要求

柳蒿生活力强，适应性广，耐瘠薄、耐涝、耐盐碱，各地均适宜种植。在普通土壤均能生长，但以深厚、疏松、肥沃、排水良好的砂壤土为宜。柳蒿属长日照植物，喜强光照，全年日照时数须高于 1900h，若光照不足则影响生长，植株细弱同时易感染病害。柳蒿喜湿润，耐干旱，虽然在旱地和浅水中均可生长，在夏季高温干旱条件下不易死亡，但会造成植株生长不良。柳蒿喜冷凉气候，适宜在全年日均气温 12～16℃，最高气温小于 38℃，最低气温高于

－8℃地方生长；根状茎萌发适宜的日均气温为4～20℃，嫩茎生长最适温度为日均12～18℃，20℃以上茎秆加速木质化；其地上部分喜温，但能耐－5℃以下的长期低温，遇霜后地上部分枯死，地下部分的根状茎耐寒性较强，在北方－40℃的条件下仍可安全露地越冬；在生长发育过程中，只要温度适宜可周年生长，无明显休眠期。

（二）栽培关键技术

1. 种苗繁育技术

柳蒿除了通过种子有性繁殖外，还可采用扦插、分株和压条繁殖等育苗方法，生产中应根据实际情况灵活运用。柳蒿栽培主要以根茎作为繁殖材料，进行无性繁殖。最佳根茎采集时间为土壤封冻之前，根茎挖回后移入棚内栽培。

（1）有性繁殖　一株柳蒿有数万粒种子，种子发芽深度为2～3cm，深层不得发芽的种子，能保持几年不丧失发芽能力，种子发芽率在86%以上。可采用种子直播或育苗移栽两种方式。于10月上中旬采收成熟的柳蒿种子，至翌年2月中下旬至3月上旬在塑料大、中棚内播种育苗，于4月露地进行播种育苗。气温15℃以上时将种子加3～4倍干细土拌匀再撒播或条播于苗床，条播行距30～40cm，用耙子耙土，使种子埋入土内0.5～1cm，播后应及时覆土、浇水保湿，保持苗床湿润，15天左右即3月中下旬即可出苗。出苗后须及时间苗，缺苗时移苗补缺。苗高10～15cm时，按10cm×5cm定植于大田。每667m^{2}所需种子量在0.25～0.4kg。

（2）无性繁殖

① 扦插繁殖。插条多从植株地上部剪取。一般每年于7～8月剪取生长健壮、整齐的地上茎枝条，抹去中下部叶子，去掉上部幼嫩和下部老化（木质化）部分，剪成10～20cm长的插条，上端保留2～3片叶，顶端至少有1～2个饱满芽，下端削成斜面。苗床选用无病虫源的沙壤土，不施用肥料。也可采用128穴的塑料穴盘育苗，以草炭、蛭石为基质，比例为2∶1，将基质浇透水后插入枝

条。扦插前最好用 100～150mg/kg ABT 生根粉溶液浸插条基部 4h，以促进生根，提高成活率。扦插时，按 10～15cm 的行距在畦上开浅沟，深约 10cm，将插条沿沟的一边插放，株距 5～10cm，边插放边培土，培土深度为插条的 2/3 为宜。每 667m^2 需插条 250～300kg。扦插完毕要将插条周边土壤踏紧，并浇 1 次透水，经 1～2 天再浇催根水，其后根据土壤情况适时浇水，保持畦面湿润，经 10 天左右即可生根发芽，生根后适量追施三元复合肥 1 次。此时视天气和土壤墒情浇水，土地保持见干见湿，7～10 天浇 1 次水，长到 1m 左右时，让其自然生长。一般插后 30 天左右即可定植。此法繁殖系数高，节约种苗，生根、发芽、发棵快，植株分布均匀，栽植密度大，始收期早，产量高。

② 分株繁殖。一般在 4～5 月进行。在留种田块上将植株离地面 5～6cm 处剪去地上茎（茎可留作插条用），然后将植株连根挖出，分割成若干带有一定数量根系的单株，去掉老根老茎，按行株距 45cm×40cm 挖穴，每穴栽种 1～2 株，栽后踏紧，浇透水，经 5～7 天即可活棵。一般每 667m^2 需用分株材料 350～400kg。此法较扦插容易成活，早熟性好，产量高，但需要较多的原始株苗，不利于大面积繁殖。

③ 压条繁殖。每年于 7～8 月，在畦面上按 35～40cm 的行距开深 5～7cm 的浅沟。而后在柳蒿田中选取半木质化的优良植株齐地面割下，抹去叶片，去掉顶端不够 0.5cm 粗的嫩梢，留下茎秆，沿沟依次，头尾相连，平铺于沟中。封沟时使茎秆顶端翘出土面，立即浇透水，保持土壤湿润。当年茎节在土中可生根，并有新芽出土，翌年 2 月下旬至 3 月上旬可大量萌发，3 月中旬陆续出土。压条繁殖方法因茎秆上芽的发育程度有差异，萌发时间和生长不一致。

④ 根状茎繁殖。一年四季均可进行。将栽培田中的根状茎挖出，将刨收的新鲜根茎去掉黑眼、老根状茎、老根，理顺新根状茎，剪成 6～10cm 的小段作为种秧，每段有 2～3 节，即可做繁殖材料。以随挖随栽为好。在整好的畦面上，按 20～35cm 的行距开深 6～15cm 的浅沟，然后按 10cm 左右的株距，将每小段根茎均匀

地平置于沟内摆好，覆土，浇足水，保持土壤湿润。一般气温在20℃，15天可出苗。如冬前栽种（霜降后），上冻浇1次大水，第2年春天可出苗。根状茎的用量应依据其质量而定，一般每667m^2需根状茎150～200kg。根状茎繁殖与扦插最好同时进行，以在4～5月繁殖为宜，此法成活率和繁殖系数高，栽培密度大，分布均匀，节约种苗，但较费工。

⑤ 宿根或育苗移栽。在生长旺季进行，一般在6月下旬至8月中下旬都可进行移栽。将柳蒿宿根刨出后栽到栽培地里即可，可将宿根整栽或将宿根切成4～5cm后栽植。采取行株距（30～40）cm×(10～15)cm的垄做栽培，深1～2cm，如此时土壤较干旱，最好浇1次透水。早春可在育秧室或温室内利用畦或木箱育苗；当苗高5～10cm时移栽。在做好的畦上按株行距为30～40cm挖穴，每穴栽1～2株，栽后压实浇透水。其成活率可达98%以上，一般不用再补苗。

2. 日光温室柳蒿反季节栽培技术

（1）种子的准备　种子采收可采取挖取根株的方法，霜后地上茎枯萎，营养回流到根茎中贮藏，从而进入休眠。上冻前割掉地上老茎，将地下根茎挖出，修整根部。将挖下根株贮藏于阴凉处，用潮的细河砂将根株囤上，其上用纸被或彩条布盖严，环境温度保持3～5℃以促休眠。然后分根、预热，在定植前的20天，将根株取出，进行分根，一般2～3株为1丛并束理好，堆放在温度为15℃左右的地方进行预热，可起到打破休眠的作用。

（2）定植期的确定　柳蒿抗寒能力极强，只要室温达到10℃以上就能迅速生长，但生产的适宜温度为15～20℃。所以，除了北方较寒冷的12月、1月、2月以外，均能正常生产。一般，为了提高经济效益，蒿苗采收上市的时间多选择在元旦和春节前后，只要温度适宜，定植后的30～40天就可以采收。

（3）定植及定植后管理

① 平地开沟。按行距50cm进行，沟深20cm；用磷酸二铵作底肥，25kg/667m^2，施肥后少量覆土以掩肥；按20cm的丛距定

植株丛，少量覆土稳苗，并按实；在栽植沟内浇温水，水量以沟满为准；水渗下后起垄回土覆盖，其厚度为5cm左右；覆土后盖上地膜，以保温保湿。

② 定植后进入日光温室的非生产期，可将温室全部封闭，上严防寒保温物，使其在无光的条件下越冬。越冬后生产期的管理是从1月中旬开始，对不透明的防寒保温物进行揭盖，日出后打开，日落前放下，大约需要10天的时间。出苗后首先撤掉覆盖的地膜。出苗后进行多次松土，以提温促发根。进入生产或定植后，白天温度为20～22℃，夜间不低于15℃；出苗后白天18～22℃，夜间不低于13～15℃。生产柳蒿芽苗菜不需要太高的湿度，保持空气相对湿度控制在70%。

③ 出苗前一般不浇水，出苗后浇1次发棵水（或称返青水），1周以后浇1次催菜水，早春浇温水。在浇发棵水之前追1次肥，用尿素15kg/667m^2，随水进行；在催菜水之前追1次肥，也用尿素15kg/667m^2，随水进行。

（4）采收及采收后管理　升温后25天左右，当植株长到20～30cm时开始采收，以后每隔5～6天采收1次，可以连续采收5～6茬。采收时，用锋利的小刀平地面割下，切忌损伤地下根状茎，影响第二茬的产量。采收第一茬留茬高度在1cm左右，立即追肥、浇水，继续覆盖。第二茬留茬高度5～6cm，第三茬留茬高度8～10cm。4月下旬至5月中旬，柳蒿根已腐烂，不再发芽，去除棚膜，采收结束。

每次刈割后，可表施复合肥75～120kg/hm^2，并结合浇水。栽培到第2年后，每年7～8月，将畦面开宽8～10cm、深15～20cm的间槽，施入熟化好的厩肥，上面覆5～8cm厚土，沟间距20～30cm或每年8～9月表施畦面1～2cm厚熟化好的厩肥，并结合浇水。柳蒿芽采收后继续整地，可安排种植其他蔬菜，直至10月结束清地，准备第2年柳蒿芽生产。

3. 塑料大棚柳蒿反季节栽培技术

柳蒿采用棚室栽培比露地栽培提早收获1个月左右，比野生提早1.5个月，不仅可以满足提前供应，补充空季，而且易于管理，与此同时，利用塑料大棚栽培产量比露地栽培高1倍左右，并且可以提前30～40天收获，品质好，经济效益好，一般第1次刈割1～1.5kg/m^2，第2次刈割1～1.2kg/m^2，第3次刈割0.5～1kg/m^2。

（1）整地施肥　定植前3～5天，预先在塑料大棚内做好长方形平畦。先进行整地，全面耕翻，深度约20cm，然后下基肥，每667m^2施腐熟农家肥3000～5000kg或腐熟饼肥50～75kg，将土与肥耙匀耙细后整平做畦，畦宽1～1.4m，长为温室宽度，沟宽30cm，深15～20cm。

（2）定植及定植后管理　一般在6～7月，待苗高10～15cm时，可进行移苗，按株行距20cm×20cm定植。栽后浇透水，成活率98%以上。当年可不覆棚膜。柳蒿喜湿，遇到干旱天气要及时浇水，应注意土壤保持一定的含水量，田间除草、松土。后期不宜松土（否则会伤地下根状茎），当年秋后应除去地上残茬枯叶。8月中旬在开花之前进行第1次打顶摘心，9月中旬盛花期前进行第2次打顶摘心，可控制其生殖生长，有利于将大量养分积累在地下的根状茎上，为翌年早熟、高产打下良好的基础。8月和9月结合浇水施2次肥，每667m^2次施尿素10kg，防止后期早衰，加快根状茎的生长和养分的积累。同时，还应及时中耕除草。12月中旬为最佳覆盖期之前，将柳蒿的地上茎秆平地铲除，同时清除田间的枯枝残叶，浅松土，避免损伤地下根状茎，667m^2施腐熟人粪尿3000～4000kg或有机复合肥50kg，浇透水，5～7天盖棚，同时浮面覆盖地膜，大棚四周压紧。大棚管理上，晴天白天温度控制在17～23℃，阴雨天下降5～7℃，湿度控制在85%～90%。苗高10～15cm，喷5mg/L的赤霉素液，能显著促进嫩茎生长，改善品质，并可使上市期提前。

也可在11月初，临上冻之前移栽。此时植株还没完全死去，养分已回流根部。将其植株贴地割除，刨出根，移栽于畦内，按行距15cm将根一个挨一个平排满，个别根重叠无碍，然后覆土盖严即可，栽后及时灌1次透水。封闭温室，盖上草帘，让其越冬休眠。于翌年2月中旬左右温室开始升温，当土壤化冻20cm深时，灌1次透水，约1周后柳蒿芽根开始发芽。发芽后白天保持在15～25℃，超过30℃放风降温，夜间在5～8℃，最低温室不能低于0℃，每隔7～10天灌1次水，保持土壤湿润，柳蒿生长以秋季积累的营养及底肥为主，不用追肥。

(3) 采收及采收后管理　方法同日光温室栽培。

温室生产柳蒿芽主要靠施农家肥，不施化肥，不打农药，只要水源清洁，空气、土壤无污染，其产品可达到绿色食品标准。温室生产柳蒿芽每667m^2一季可产出1200kg，市场销售平均价每千克12元，可以收入14400元，成本仅100元左右，是农民发家致富奔小康的好项目。

4. 塑料小拱棚柳蒿反季节栽培技术

(1) 拱棚的建造　选择土质肥沃、地势稍低洼的或夜潮地，搭建长30～40m、宽4m、高1.7m的小拱棚，南北延长；单杆拱，拱间距依据材料而定，竹木的为60cm，12#钢筋的0.8～1m；中间设有立柱，柱间距4m，柱高1.5m；柱顶上设有一道梁，梁上设有顶拱杆的支柱，支柱用三脚架固定，拱杆固定在横梁上的支柱上。每隔2个拱杆设一道压膜线，压膜线用12#油丝绳外套塑胶套，其两侧固定在“地锚”上。

(2) 整地施肥　在棚内一般采用垄作，每棚6垄。整地前施优质农家肥5000kg/667m^2，深翻30cm，整平耙细，打成60cm大垄。

(3) 定植及定植后管理　塑料大棚柳蒿反季节栽培技术中“定植及定植后管理”。

(4) 拱棚预热　于第2年2月中旬开始，首先撤除覆盖在地面上的不透明覆盖物，再用草苫子或纸被盖在小拱棚上，白天打开，夜间盖上。经15～20天就可化冻萌芽。当空气温度稳定通过8℃以上，土壤温度5℃以上时，柳蒿开始萌动。此时进行多次中耕松土，5～7天松1次，使肥土混合，并能提高土温，促进出苗。

（5）生产期管理　小拱棚性能特点就是白天温度升得高且快，夜间降温快且低，昼夜温差大。所以，白天要特别注意及时通风降温，防止高温烤苗。夜间做好防寒保温。一般柳蒿适宜的生长适温为20～22℃，白天当温度超过25℃就要及时通风降温。当地终霜前用不透明的覆盖物进行覆盖，白天打开，夜间放下，以促进柳蒿快速生长。在柳蒿萌动时要浇1次返青水，但一定要浇温水，且水量不宜过大，只浇苗眼，使水与土墒接上即可；每次采收后，随着追肥大浇1次水。浇水量依据当时的墒情和植株长势来确定。春季第1次柳蒿芽苗采收前一般不追肥。以后在每次采收后进行1次追肥，使用尿素15kg/667m^2，追肥后浇水。

（6）采收及采收的管理　春季第一批芽苗要及时采收、早收。从第二批开始要收大苗，苗达到5～6片叶时及时从根茎上掰下，采大留小，打好包装上市（图3-59）。

小拱棚的生产一般于当地5月下旬结束。此后可以撤掉塑料薄膜，处于自然条件，但仍然要进行一定的管理，即及时疏除过密、过小的植株，保持有良好的通风透光，使植株旺盛生长，以利于下一年的生产。

图3-59　采收后的柳蒿

（三）采收

当柳蒿植株长到20cm左右时，即可采收上市。主要采收未木质化的鲜嫩叶片、主茎顶端和侧枝供食用。若采收过晚，则失去食用价值。采收时，可采摘或用刀割下，抹去下半部分或全部叶片，然后分级，捆把，便可上市销售；秋、冬季还可将地下茎挖出，洗净，分级包装出售。

若事先计算好上市时间，柳蒿可以一年四季进行采收。冬季反季节生产至少可以收获3茬。每667m^2产量为1200kg左右。

（四）病虫害防治

柳蒿抗病性极强，露天栽培时很少发生病害。由于棚室是一个相对封闭的环境，棚内湿度较大，所以导致柳蒿易发生病虫害。其主要病害有白粉病、腐烂病、白娟病、霜霉病、菌核病和炭疽病等，要以农业防控为基础，科学合理地辅以其他防控手段。

1. 病害

(1) 白粉病

【症状】 发病后，叶片如覆白粉，后生黑色小点，严重时使叶片枯黄、凋落。

【发病规律】 在夏秋高温或多雨季节发病率高。

【防治方法】 收获后，秋季清园，消灭病残株体。

发病初期，喷50%甲基托布津800～1000倍液，10天喷1次，连喷3～4次即可。

(2) 腐烂病

【症状】 特征是植物解体腐败。

【防治方法】 可采用经常通风换气来控制棚内温度和湿度的过高、过大，并且秋后清除畦内残枝枯叶。

早春上棚膜后，返青前，用50%多菌灵的800～1000倍液喷洒畦面。

（3）白娟病

【症状】白娟病是真菌感染引发的一种病害。白绢病病菌侵染柳蒿茎基部，使它产生褐色坏死斑。发病初期，病株地上部叶片褪色、萎蔫，茎基处产生有大量白色丝状物和棕色油菜籽状小颗粒；病情加重后导致植株生长势减弱、萎凋或全株枯死。

【发病规律】病菌随病残体遗留土中越冬。病株产生的绢丝状物延伸接触邻近植株或病菌随水流传播，使病害传播蔓延。连作、土质黏重、地势低洼或高温多湿年份发病重。发病株率10%以上时，一定要采取措施加以控制。

【防治方法】

a. 重病地避免连作。提倡施用日本酵素菌沤制的堆肥或充分腐熟的有机肥。

b. 及时检查，发现病株及时拔除、烧毁。病穴及其邻近植株淋灌5%井冈霉素水剂1000～1600倍液，2%甲基立枯磷乳油1000倍液，或90%敌克松可湿性粉剂500倍液，每株（穴）淋灌0.4～0.5L，或用40%拌种灵加细砂按1∶200配成药土混入病土，每穴100～150g，隔10～15天施1次。

c. 用培养好的哈茨木霉0.4～0.45kg，加50kg细土，混匀后撒覆在病株基部，能有效地控制该病扩展。采收前5天停止用药。

（4）霜霉病、菌核病和炭疽病

【综合防治方法】

a. 选用抗病种苗。在选择适宜当地种植、抗病优质品种的基础上，选择长势旺盛、茎秆健壮、无病害、无虫害伤口的柳蒿作为留种株。

b. 及时清园。柳蒿收割后，要及时将病叶残枝带出田外销毁，减少病虫源。

c. 合理管水。柳蒿耐湿，但水分过多，易诱发病害。浇水以喷灌、滴灌或沟灌为宜，不宜漫灌、深灌。以多次适量灌溉为原则，以保持田间土壤湿润而无渍水为标准，同时实行窄行栽培，开好三沟，严防雨后渍水。

d. 合理施肥。要以控氮增磷钾为原则，以充分腐熟有机肥为主，辅以适量化学肥料，不宜大量施用氮肥。

e. 轮作换茬。由于柳蒿1次种植多年利用，容易造成病菌积累、养分失衡和土壤板结，有利于病害发生。种植3～4年后的柳蒿根腐病、白绢病等十分严重，因此要实行轮作换茬，一般以2年轮作1次为宜。

f. 人工防除。发现病株应及时人工铲除，并将病株连同病土带出田外集中处理。

2. 虫害

柳蒿主要害虫有甘蓝蚜、小地老虎、红蜘蛛、斜纹夜蛾、白钩小卷蛾、猿叶虫等。栽种活棵后至大棚膜覆盖前，宜用20目防虫网全程覆盖，防止害虫侵入危害。

(1) 甘蓝蚜（图3-60，彩图）

【危害】在柳蒿嫩叶背面成群刺吸汁液。为害初期叶表呈现点块状叶色变浅，之后叶片在短时间内反卷，形成筒状，同时伴有甘蓝蚜少量的分泌物和排泄物。后期叶片正面逐渐变浅、变黄。叶表出现非常明显的瘤状隆起，多为浅黄色，使植株整体上表现为花斑状。严重时叶片枯萎。一般每年5～6月或者8～9月，是甘蓝蚜发生最严重的高峰期，该虫害的越冬规律尚不清楚。

图3-60 甘蓝蚜

【防治方法】采用农业防治方法，在晚秋或者早春彻底清园，将枯枝败叶烧毁，周围的杂草和杂物都应彻底清理干净。

化学防治可采用抗蚜威、蚜螨净、克螨特、北农爱福丁、阿维虫清、阿维·啶虫乳油等药剂，收获前几天应用足够的清水喷洗。

（2）其他虫害及防治方法

① 若发生斜纹夜蛾为害，发现较多嫩叶尖有小眼，可用菊酯类杀虫剂在虫龄1～2龄时喷洒。也可用频振式杀虫灯诱杀成虫。

② 猿叶虫（图3-61，彩图）的始发期，可用80％敌敌畏乳油1000倍液、50％辛硫磷乳油1000倍液或10％氯氰菊酯乳油2000倍液等喷雾防治。

图3-61 猿叶虫

③ 蚜虫的始发期，可选用10％吡虫啉可湿性粉剂2000倍液喷雾防治。

④ 小地老虎的防治可利用频振式杀虫灯或糖醋液诱杀成虫。用糖6份、醋3份、白酒1份、水10份、90％敌百虫1份混合调匀配制糖醋液，装入钵内，每667m^2分放8～10个点，可大量诱杀成虫。于清明前后在地老虎咬断的幼苗附近寻找捕杀幼虫。

⑤ 红蜘蛛可用5％噻螨酮乳油2000倍液、5％氟虫脲乳油2000倍液或1.8％阿维菌素乳油2000倍液等喷雾防治。

⑥ 白钩小卷蛾（图 3-62，彩图）可将种植期推迟到 7 月上旬以后，避开 5 月下旬至 6 月虫卵孵化高峰期；柳蒿定植前将种株中下部截去集中烧毁。

图 3-62 白钩小卷蛾

总的来说，柳蒿各种虫害的防治方法包括以下 3 个方面。

① 农业防控。及时清园，降低虫源基数；对斜纹夜蛾等入土化蛹的害虫，在蛹期翻耕灭蛹和浇水灭蛹；合理管水、科学施肥，提高柳蒿的耐害补偿能力。

② 物理防控。采用黄板诱蚜和银灰膜驱蚜，采用频振式杀虫灯诱蛾。

③ 生物防控。充分利用自然天敌，以益控害。推广使用 Bt、武大绿洲系列等生物农药和植物源农药。

十四、蒲公英

（一）概述

蒲公英，别名婆婆丁、蒲公草、黄花草、黄花地丁、华花郎、尿床草等，为菊科蒲公英属多年生草本植物。蒲公英被称为“佳蔬良药”，其营养价值非常高。叶片的可食用部分为 84%，在每100g鲜重可食部分中，含碳水化合物11g、蛋白质3.6g、粗纤维2.1g、脂肪1.2g、钙151mg、磷115mg、铁12.4mg，还含有抗坏血酸47mg、维生素C 23.29mg、胡萝卜素7.08mg、烟酸1.9mg、核黄素0.3mg、硫胺素0.04mg。全草含蒲公英苦素、蒲公英素、植物甾醇、豆甾醇、β-谷甾醇、旋覆花酚及胆碱等物质。此外，还含有10种氨基酸。蒲公英中抗坏血酸（维生素C）含量比西红柿高50%以上，蛋白质含量比茄子高一倍，铁含量与菠菜相等。蒲公英被列为中药的八大金刚之一，有“植物中的青霉素”之美称。

蒲公英的食用方法很多，可以嫩叶生食、焯后凉拌或炒食，根去皮抽蕊可生食和腌制，全株煮水治疗水肿、恶性疔毒、肿痛不消等症。日本最先开发制成饮料、糖果、糕点等系列保健食品。具有美容、抗菌、抗病毒、利胆保肝、补肝健胃、止呕消胀、清热解毒、明目、利尿和通乳等作用，临床可防治四十余种感染性疾病。蒲公英有抗肺癌的作用。

蒲公英原产欧洲和北亚，各地都有分布，多生于田野、草原、林缘、沟谷、路旁、湿草甸子上。主要分布于我国华东、华北、东北、西北、华中等地，日本、朝鲜、蒙古和俄罗斯也有分布。

蒲公英是一种深受大众喜爱的野生菜，野生状况下产量不高，但引种栽培后能获得高产、稳产。人工栽培蒲公英，每公顷投入6000元，每公顷产量18750kg，按4元/kg计算，产值7.5万元/hm^2，可获利6.9万元。作为特种蔬菜，反季节上市价格可高达80～100元/kg以上（尤其是净菜上市），效益可观，是农民致富的新途径。随着人们生活水平的提高，纯天然、富营养、具有保健功能的食品越来越受到人民的欢迎，开发利用蒲公英有着极大的潜力和广阔的前景。

1. 形态特征

多年生草本，含白色乳汁。高10～30cm。主根长，略呈圆锥形，肥厚粗壮，表面棕褐色、皱缩，长4～10cm，根头部有棕色或黄白色的毛茸，单一或偶有分歧，生少量须根。地上茎不明显，短

图 3-63 蒲公英的叶及蒲公英冠毛

缩茎很粗很短。叶基生呈莲座状平展，叶片条状倒披针形或倒卵形，叶缘多为不规则羽状浅裂或深裂（图 3-63，彩图），裂片呈齿状或三角状，长 4～20cm，宽 1～5cm。花茎一至数条，中空，圆柱形，上部密被白色丝状毛，每条顶生头状花序，花茎花薹 1～3 枝，小花舌状，黄色或白色，花期 4～9 月。瘦果，倒卵状披针形或纺锤形，暗褐色，长 4～5mm，宽 1～1.5mm，上部具小刺，下部具成行排列的小瘤，顶端逐渐收缩为长约 1mm 的圆锥至圆柱形喙基，喙长 6～10mm，纤细，着生白色冠毛，熟时形似白色绒球（图 3-63，彩图），果期 5～10 月。种子细长，呈棒状，种皮与果皮不易分开，一个果序结实在百粒以上，果实千粒重为 0.8～2.0g。

2. 对环境条件要求

蒲公英对生长环境条件要求不高，适应性广泛，不择土壤，但喜好肥沃、湿润、疏松和有机质含量高的沙质土壤。翻动过的土地上容易着生，长期植被覆盖好的土地上着生很少。不适应栽培在土壤板结、黏性较重的地里，影响产量和品质。蒲公英抗逆性强，既抗寒又耐热。蒲公英耐寒性较强，土层化冻 10cm 时，生长点即开始萌动，地表下 10cm 处，日平均温度 4℃，气温日平均达 10℃ 时，就能迅速生长，冬季地上部分枯死，次年春天便可返青。蒲公英喜低温，种子萌发最适温度为15～20℃，30℃以上发芽缓慢，生长最适宜温度为20～25℃，但也能耐－30℃低温。温度达到25℃以上对其生长有一定的影响，易老化、生长迟缓。在低温下易生芽出苗，在高温下发芽困难。

对光照要求不严，一般认为，蒲公英属短日照植物、较耐阴，适当的低光照可以促进蒲公英的生长，特别是对于蒲公英的商品菜产量，但过低的光照条件对于蒲公英的生长仍然是不利的，有试验结果表明，光照过低会造成生育期延缓、水分含量高，引起植株抗逆性较差，造成不可逆的伤害，会影响产量及产品的风味品质，为了避免过多的硝酸盐积累，生产上要求光强不能过低，中等光照和短日照好的光照条件有利于茎叶生长，高温短日照条件下有利于抽薹开花。长日照有利于开花结果。生长在阳光充足、潮湿处的植株花朵大，数量多，花期长，花粉丰富。蒲公英除了营养生长期对土壤要求湿润外，对其他生长环境要求不是太严格。既抗旱，又耐涝，去掉生长点后地下部分的根又会重新形成多个生长点。

（二）栽培关键技术

入冬后，土壤结冻，蒲公英在地温5℃左右即可生长。因此，可在塑料大棚、中棚、小拱棚或日光温室进行栽培。可根据采收时间选择栽培设施，需要在元旦至春节阶段采收，可选择温室栽培，在3月下旬至五一前采收的可选择塑料大棚栽培。一般多采用夏季播种，秋季定植。水肥条件好，可收获1.2kg/m^2，叶片长10～15cm，鲜嫩多汁，冬季供应蔬菜市场，效益高。

1. 种苗繁育技术

蒲公英的繁殖能力极强，且对土壤要求不苛，没有一定的伴生植物，成熟的种子无休眠期，也可用肉质直根扦插繁殖。

（1）有性繁殖　种子成熟后与冠毛一起随风飘落，在适宜的土壤及其他环境条件下（温、湿度）即可发芽生长。这是蒲公英的主要繁殖方式，每个头状花序上可结150粒左右的种子，均可萌发。每年6月采收种子，露地栽培6月播种。大棚栽培在8月末播种，播种前先整地，采用作畦，浇透底水，播种量为2kg/667m^2，撒播后覆一层薄土，出苗后除草，及时追有机肥，浇水，使苗养好根。

(2) 无性繁殖　人们采食蒲公英时，常连同茎一起挖下或连同少许根一起挖下，而根的大部分仍留在土中，这些残留的根就可以发芽再生出新的植株。约在10月末挖根，栽到大棚或温室内，株行距3cm×(7～10)cm，浇定植水，缓苗养根，封冻前浇1次水，并覆草（帘）待越冬。实践证明，蒲公英可靠根切段繁殖，但生长较慢，生产上不宜采用。

此外，还可以将以上两种繁殖方法相结合，即种植移栽法。约在6月采集种子露地 播种，秋季移到棚内定植，该方法既不用野外挖根，减少人力工时，又能解决大棚温室 菜田倒茬，增加了棚室土地利用率。为达到软化栽培的目的，蒲公英苗萌动后，叶子刚刚长出地面便要进行沙培，要进行1～2次，待叶子长出地面7～8cm时，可连根挖出，捆成小捆上市，如出口或有其他用途可晚些挖出。

2. 日光温室蒲公英反季节栽培技术

(1) 整地施肥　10月下旬，每667m^{2}施入腐熟农家肥10m^3，翻土深20～30cm，将土耙细搂平，然后做成南北走向的小低畦，畦宽1.2m，畦埂高5cm，畦面要求北高南低（落差10cm），以利于光照和浇水。

(2) 播种或移栽

① 日光温室栽培蒲公英有两种方法，可直播，也可育苗移栽。4～9月间均可用成熟的蒲公英种子，直接播种于日光温室内，为了出苗快而整齐，应当提前3天用清水浸种20～24h后，再用清水投洗2～3遍，然后置于20℃左右处催芽2天即可播种（催芽期间每天应翻动种子3～4次，以利出芽整齐，并用清水投洗1次）。捏起少量种子向空中高抛，使其自然飘落均匀着于畦面。

② 干播湿出。播种完毕后浇水，浇水要采取喷淋，喷头向上，呈 牛毛细雨状均匀下落。

③ 往返喷洒。畦面水量不要太多，避免种子在地表不固定而漂移。播种量 3～4g/m²，浇水 3 天后畦面撒过筛细土 3mm 厚，再喷洒少量水。必须保持土壤湿润（图 3-64），苗出土前不能浇大水。

图 3-64　蒲公英的日光温室栽培

④ 温室内温度要保持在 15～30℃，出苗前注意做好保温措施，覆盖无纺布保湿、防雨和遮阴降温。从播种到出苗约需 10 天。10 月扣塑料薄膜、盖纸被和放草帘保温。除了直播以外，还可将野生蒲公英母根或事先育好的幼苗于 9 月直接移栽到日光温室内。

（3）定植及定植后管理　苗高 10cm 左右时定植，株行距 10cm×15cm。利用母根生产的可在 9 月至上冻前挖回，选挖叶片肥大，根系粗壮者，去掉老叶，保留主根和顶芽，整理后直接定植。株行距为 20cm×10cm，定植时深度以短缩茎稍露出地表为宜。埋好后覆细沙 3～5cm 厚，然后浇足定植水。缓苗养根，封冻前浇 1 次封冻水，并盖上草帘，等待越冬。

定植后温度要控制在 15～20℃。空气湿度保持在 60%～70%，保持土壤湿润，视土壤墒情适当浇水，并及时进行中耕除草。

（4）采收及采收后管理　待叶片长到 10～15cm 时即可采收上

市。也可根据植株长势控温控水，使其在元旦或春节供应市场。日光温室栽培从扣棚到春节能割3~4茬。2月15日以后就会出现老化抽薹。如果延后采收，必须人工控制通风和降温，温度控制在15℃以内，同时放草帘遮阴，要经常调节土壤湿度。采收后2~3天内不宜浇水，以防腐烂耗损。

日光温室生产蒲公英每667m^2可产1000kg左右。按10元/kg计算，每667m^2收入可达万元，采收后可种一茬小白菜，然后栽黄瓜或者番茄，以达到充分利用温室的目的。

3. 塑料大棚蒲公英反季节栽培技术

7月中旬至7月下旬播种，整地施肥以及播种方法与温室栽培相同，挖根栽植于8月中下旬，10月下旬浇1次封冻水，然后自然越冬，翌年4月中旬即可采收。采用多层覆盖可提前在3月下旬至4月上旬采收。采收后可再复种青椒、西葫芦等其他蔬菜。

活动式中棚栽培方法是，先按中棚大小做畦，播种或栽植蒲公英。播种、栽植时间和方法与日光温室栽培相同。翌年2月中旬以前扣中棚，中棚内扣小拱棚，中棚外覆盖草苫，3月20日前即可采收。产量为1~1.5kg/m^2，产值在20~35元/m^2。蒲公英采收后可复种结球生菜、芹菜等其他蔬菜。

4. 塑料小拱棚蒲公英反季节栽培技术

地块选择原则与塑料大棚相同。由于蒲公英产量与播期有关，所以应尽量早播，若7月以后播种，可适当增加播种量，以提高产量。采用畦作撒播或条播。畦宽依据小拱棚塑料幅宽和管理方便等而定。播种量依栽培方式而异，如作一年生栽培，播种3.5~3.8g/m^2，如作多年连续栽培则播0.7~1.0g/m^2。播后覆土0.5cm。一般播后20天左右出苗。

蒲公英对光照强度要求不高。播后要保持土壤湿润，保证出苗，随后主要是除草和适当灌水，一般不用追肥。土壤封冻前如水分不足可灌封冻水，并且插好小拱棚的骨架。2月下旬至3月初扣小拱棚，夜间加盖草毡子防寒保温。扣棚前要清除积雪及枯叶，以防止扣棚后土壤过湿地温回升慢，并方便采集。

在夜间无覆盖的情况下，扣棚后17天左右即可采收，比野生的提早半个月以上。如夜间加盖草毡子，则采收更能提前。采收要适时，采早产量低，采晚质量差，最好在刚现蕾时采收。如春夏菜用地晚，或多年连续栽培，则采收时要注意不要过深，以在叶基部与短缩茎交界处、茎盘以上收割为宜。这样采后重新扣棚，15～20天以后还可收割一茬。

蒲公英小拱棚栽培，投入少，播期灵活，管理简单，收获早，不影响露地春夏菜生产。露地蔬菜下茬种蒲公英，可以获得比生产大路菜更高的经济效益。果树行间立体栽培蒲公英，收效更佳。

（三）采收

当叶片长至20～40cm时采收（图3-65），采收的最佳时期是在植株充分长足，个别植株顶端可见到花蕾时。蒲公英充分长足时，顶芽已由叶芽变成了花芽，此后不会再长出新叶，若不及时采收，花薹很快便会长出来，影响产品的品质。蒲公英的采收可分批采摘外层大叶供食，或用镰刀割多茬取心叶以外的叶片食用，每隔

图3-65 采收后的蒲公英

30天割1次。采收时可用镰刀或小刀挑割，沿地表1～2cm处平行下刀，保留地下根部，以长新芽。先挑大株收，留下中、小株继续生长。也可掰取叶片。头茬收后，加强管理再收1～2茬。也可一次性整株割取上市，蒲公英整株割取后，根部受损流出白浆，刀割15天内不要浇水，以防烂根。

大棚栽植的蒲公英可于4月采收，露地栽培蒲公英可于5月中下旬及以后采收。一般可收获5茬，产量为2000～3000kg/667m^2。

（四）病虫害防治

1. 病害

（1）叶斑病

【症状】主要危害叶片。叶面初生针尖大小褪绿色至浅褐色小斑点，后扩展成圆形至椭圆形或不规则状，中心暗灰色至褐色，边缘有褐色线隆起，直径3～8mm，个别病斑20mm。

【发病规律】叶斑病为真菌病害。以菌丝体和分生孢子丛在病残体上越冬，以分生孢子进行初侵染和再侵染，借气流及雨水溅射传播蔓延。通常多雨的天气有利发病，植株生长不良，或偏施氮肥、长势过旺时，会加重发病。

【防治方法】

a. 及时清理田园，注意田间卫生，结合采摘收集病残体，将病叶及病株携出田外进行烧毁。

b. 清沟排水，避免偏施氮肥，适时喷施植宝素等多元复合叶面肥，促进植株健壮生长，增强抗病能力。

c. 药剂防治。发病初期可喷洒42%福星乳油8000倍液，或20.67%万兴乳油2000～30000倍液，或40%多硫悬浮剂500倍液，或75%百菌清可湿性粉剂1000倍液，或70%甲基硫菌灵可湿性粉剂1000倍液，或70%甲基硫菌灵可湿性粉剂1000倍液，或60%乙膦铝可湿性粉剂600倍液，或50%扑海因可湿性粉剂1500倍液，每10～15天防治1次，连续防治2～3次。采收前7天停止用药。

（2）斑枯病（褐斑病）

【症状】褐斑病又称黑斑病，其主要危害叶片。初于下部叶片上出现褐色小斑点，后扩展成黑褐色或灰褐色圆形或近圆形至不规则形斑，大小5～10mm，外部有一不明显黄色晕圈。后期病斑边缘呈黑褐色，中央稍褪色，湿度大时出现不大明显的小黑点，即病菌分生孢子器。严重时病斑融合成片，致整个叶片变黄干枯或变黑脱落。

【发病规律】褐斑病为真菌病害。病菌在病残体上越冬，第2年春节当条件适宜时，借风雨传播。经20～30天潜育，发病后又产生分生孢子进行再侵染。高温多雨条件易发病，连作、栽植过密、老根留种的花圃发病重。

【防治方法】栽植密度适当，要通风透光，注意田间卫生，及时剪除病叶深埋或携出田外烧毁。及时清沟排水，避免偏施氮肥，适时喷施植宝素等，使植株健壮生长，增强抵抗力。发病期要加强管理。浇水适量，选晴天上午浇水，阴天不浇或少浇。

发病初期开始喷洒42%福星乳油8000倍液，或20.67%万兴乳油2000～30000倍液，或40%多硫悬浮剂500倍液，或50%扑海因可湿性粉剂1500倍液，或喷洒30%碱式硫酸铜悬浮剂400倍液，或1∶1∶100倍式波尔多液、或50%甲基硫菌灵悬浮剂800倍液，或75%百菌清可湿性粉剂600倍液，或50%苯菌灵可湿性粉剂1500倍液。每隔10～15天喷1次，连续防治2～3次。植株或转入生殖生长时隔7～10天喷1次，视病情防治3～5次。采收前7天停止用药。

（3）锈病

【症状】主要危害叶片和茎。初在叶片上现浅黄色小斑点，叶背对应处也生出小褪绿斑。后产生稍隆起的疱状物，疱状物破裂后，散出大量黄褐色粉状物，叶片上病斑多时，叶缘上卷。

【发病规律】蒲公英在6月下旬，始病时在叶片的正面产生锈黄色、圆形、近圆形的疱状斑点的病原夏孢子堆；7月下旬，以疱状斑点为发病中心向整植株扩散，同时，在蒲公英的叶片背面也出现疱状斑点，即释放夏孢子反复侵染。到8月中下旬达到病害发生的高峰期。总体表现为，随着蒲公英的生长、气温的升高和雨量的增多，锈病愈发严重。首先是正面出现疹状夏孢子堆，其次是背面出现疹状夏孢子堆，逐渐夏孢子堆越来越多，最终即在蒲公英的生长后期产生冬孢子堆。冬孢子堆周围伴有2～5mm的晕圈，紫色或紫褐色；冬孢子堆露出褐色粉末状的冬孢子，最终冬孢子堆布满整个叶片，叶片随之变成黑褐色、紫褐色或深褐色。

蒲公英锈病发病率和病情指数随海拔的升高而降低。较高的温度、湿度和光照条件可以促进蒲公英锈病的发生与蔓延。

【防治方法】同蒲公英叶斑病。

（4）枯萎病

【症状】初发病时叶色变浅发黄，萎蔫下垂，茎基部也变成浅褐色。横剖茎基部可见维管束变为褐色，向上扩展枝条的维管束也逐渐变成淡褐色，向下扩展致根部外皮坏死或变黑腐烂。有的茎基部裂开，湿度大时产生白霉。

【防治方法】选择易排水的沙性土壤栽种；提倡施用酵素菌沤制的堆肥或腐熟有机肥；加强田间管理，合理灌溉，尽量避免田间过湿或积水；与其他作物轮作；选种适宜本地的抗病品种。

发病初期选用50%多菌灵可湿性粉剂500倍液或40%多硫悬浮剂600倍液或30%碱式硫酸铜悬浮剂400倍液灌根，每株用药液0.4～0.5L，视病情连续灌2～3次。

（5）白粉病

【症状】主要为害叶片。在叶片上开始产生黄色小点，而后扩大发展成蒲公英白粉病形或椭圆形病斑，表面生有白色粉状霉层，霉斑早期单独分散，后联合成一个大霉斑，甚至可以覆盖全叶。

【发病规律】病原菌属于真菌，病菌以闭囊壳随病残体留在土表越冬，翌年4～5月放射出子囊孢子，引起初侵染；田间发病后，产生分生孢子，通过气流传播，落到健叶上后，只要条件适宜，孢子萌发，以侵染丝直接侵入蒲公英表皮细胞，并在表皮细胞里形成吸胞吸取营养，菌丝匍匐于叶面。晚秋在病部再次形成闭囊壳越冬。

【防治方法】人工栽植蒲公英时，应合理施肥，避免偏施氮肥，适当增加磷、钾肥，促植株生长健壮，增强抗病力。收获后，要注意清洁田园，病残体要集中深埋或烧毁。

发病初期开始喷洒60%防霉宝2号水溶性粉剂800～1000倍液或50%多菌灵可湿性粉剂600～700倍液、40%达克宁悬浮剂600～700倍液、50%苯菌灵可湿性粉剂1500倍液，均有较好效果，必要时亦可选用20%三唑酮乳油2000倍液、40%福星乳油9000倍液，于发病初期傍晚喷洒，隔20天左右1次，即可收效。采收前7天停止用药。

（6）霜霉病

【症状】主要危害叶片。病斑生叶上，初淡绿色，后期黄色，边缘不清楚。菌丛叶背生，白色，中等密度。

【防治方法】发病初期每667m^2用45%百菌清烟剂250g熏烟，也可用25%百菌清可湿性粉剂500倍液或40%乙膦铝可湿性粉剂200～250倍液喷雾，5～7天1次，连防2～3次。

可用72%克露，或克霉氰、克抗灵可湿性粉剂800倍液、69%安克锰锌可湿性粉剂1000倍液喷雾防治，也可每667m^2喷施5%百菌清粉剂300g，或用25%百菌清可湿性粉剂500倍液进行喷雾防治。

注意，所有病害防治均应在蒲公英采收前10天停止用药。

2. 虫害

（1）蚜虫

【危害】主要危害叶片。

【防治方法】可用21%灭杀毙乳油3000倍液或50%辟蚜雾可湿性粉剂或水分散粒剂2000～3000倍液喷雾防治，也可用50%马拉硫磷乳油或22%嗪农乳油3000倍液或70%灭蚜松可湿性粉剂2500倍液喷雾防治。

（2）蝼蛄

【危害】同刺嫩芽“蝼蛄”危害。

【防治方法】危害严重时可每667m^2用5%辛硫磷颗粒剂1～

1.5kg与15～30kg细土混匀后撒入地面并耕耙，或于定植前沟施毒土。

(3) 小地老虎

【危害】 同蝼蛄危害。

【防治方法】 在种植蒲公英的地块提前1年秋翻晒土及冬灌，可杀灭虫卵、幼虫及部分越冬蛹；用糖醋液、马粪和灯光诱虫，清晨集中捕杀；将豆饼或麦麸5kg炒香，或用秕谷5kg煮熟晾至半干，再用90%晶体敌百虫150g兑水将毒饵拌潮，每667m^2用毒饵1.5～2.5kg，撒在地里或苗床上。

此外，虫害还有潜叶蝇，可用1.8%虫螨克1500～2000倍液进行防治。

十五、刺五加

(一) 概述

刺五加，又名五加参、刺拐棒、老虎镣子、坎拐棒子、一百针、五加参、俄国参、西伯利亚人参等，为五加科五加属多年生落叶灌木。刺五加嫩茎和鲜叶食用价值很高，其根、茎、叶皆可做药用，有益气健脾、平肝补肾、护心安神、祛湿化瘀、强筋通络和扶正固本等功效。据测定，每100g鲜嫩叶中含还原糖1.39g、蛋白质2.01g、维生素C 12.66mg、钙132mg、铁0.38mg、锌0.38mg。每100g鲜重嫩芽含胡萝卜素5.4mg、核黄素0.52mg、抗坏血酸121mg，此外，还含有多种糖苷、丁香苷、香豆精苷、多糖及果酸，与人参根中的皂苷具有相似的生理活性，起到保护心血管和心肌的作用。是一种珍稀的绿色保健蔬菜。

刺五加分布于中国的黑龙江、吉林、辽宁、河北和山西等地，俄罗斯西伯利亚、日本和朝鲜也有分布。刺五加生长在海拔200～1600m的地区，针阔混交林内、疏林下、林缘、山坡路旁及灌丛中均有分布。

刺五加栽植技术简便，一次投资多年收益，周期短、见效快、产量高、效益好，优势明显，大棚栽培刺五加收益可达 18000 元/667m^2，具有广阔的市场前景。由于刺五加的野生资源已严重不足，并且已被国家列为三级保护渐危品种，因此人工培育刺五加不仅可以挽救刺五加资源的匮乏，还可以收到相当可观的经济效益。

图 3-66　刺五加

1. 形态特征

刺五加（图 3-66，彩图）为多年生木本，高 1～6m。根系很发达，无明显主根，根在 20cm 左右的土层深度近水平分布。地下茎横走，分布在 10～20cm 深的腐殖质层中。由地下茎上的芽出土形成植株。树皮浅灰色，根茎发达，呈不规则圆柱形，表面黄褐色或灰褐色。茎及根都具有特异香气，茎枝通常密生细长倒刺，有时少刺或无刺。掌状复叶互生，小叶 5，稀 4 或 3，叶柄常疏生细刺，长 3～11cm，小叶片纸质，椭圆状倒卵形或长圆形，长 5～13cm，宽 1.5～7cm，先端渐尖，基部楔形，边缘具尖锐重锯齿或锯齿。表面粗糙，暗绿色，散生短毛或无毛，背面淡绿色。小叶柄长 0.5～2.5cm，被棕色短柔毛，有时有细刺。伞形花序成球形顶生，单 1 或 2～4 个聚生，花多而密，花萼绿色，无毛，与子房合生，具 5 齿；花瓣 5，黄白色，卵形；雄蕊 5；子房 5 室，花柱 5，合生至顶部成柱状。伞形花序单个顶生或2～4个聚生，花多而密；总花梗细长达5～8cm，核果为浆果，成熟时紫色或紫黑色，近球形或长圆柱球形或卵形，直径7～10mm，干后具明显5棱，有宿存花柱，长1.5～1.8mm，种子4～6个，薄而扁平，新月形。花期6～7月，果期7～10月，种子在9～10月成熟。

2. 对环境条件要求

刺五加生长对土壤要求较低，喜好湿润、腐殖质层深厚、pH值6～6.5、微酸性土壤。以排水良好、疏松肥沃的沙壤土为最好。刺五加作为典型的阴生植物，其需弱光，喜阳光，又能耐轻微荫蔽，但以夏季温暖湿润多雨、冬季严寒的大陆兼海洋性气候最适宜。需要一定的荫蔽条件，但荫蔽度不宜过大，其生长发育需要有一定的光照条件，在幼苗期比较喜阴，进入生殖期后就需要较充足的光照，但在全光照下则不易成活。刺五加苗期庇阴，中后期全光，有利于幼苗生长。刺五加喜温暖，也能耐寒，对气候要求不严，抗逆性强。分布范围广，在海拔800～2000m都有分布，温度在10～35℃都可生长，在18～30℃生长最快。刺五加喜湿润，不耐干旱，但又怕低洼积水。较高的湿度对刺五加的生育有利。刺五加萌芽期、开花后期和结果期，如果缺水会使它的地上部分干枯和影响开花结实。

（二）栽培关键技术

1. 种苗繁育技术

刺五加采用无性繁殖和有性繁殖两种形式，刺五加的无性繁殖有扦插繁殖、分株繁殖、压（埋）条繁殖、根蘖苗繁殖和组织培养等多种方式获得种苗，但刺五加通过有性繁殖即种子繁殖结籽较少，难以获得种子，而且由于刺五加种子有胚后熟休眠特性，且种子空瘪的较多，发芽率低，故种子繁殖有一定难度，而扦插繁殖具有操作简单、技术容易掌握、繁殖材料多等优点。因此，采用扦插繁殖是快速获得大量刺五加苗木的有效途径。

(1) 有性繁殖　刺五加种子具胚后熟休眠特性，需经高温和恒低温处理才能打破休眠，有助于种子成熟发芽。9～10月采收成熟果实后，将调制后的种子称重，温水浸种24h，捞出沥干。按1∶(2～3)的比例混入纯净的小粒河沙，同时用500倍液的50%多菌灵对种子河沙消毒，种沙湿度55%左右，置于室内17～19℃温度下进行堆积，并且不定时经常翻动，每隔7～10天翻动1次，保持种沙的湿度，观察其种胚发育情况。后期将种沙移至0～5℃的低温环境，待播种前3～5天置于室外进行催芽处理，有少量（约50%）种子露白后即可播种。经实验研究证明，刺五加种子在高温和恒低温处理的情况下效果最好。前期高温可促进种子成熟，后期低温是打破休眠的最直接的途径。禁止用火炕或烘干箱烘烤，以免种子烘熟，影响出芽率。

(2) 有性繁殖　选取当年发的幼茎或尚未开花、生长健壮的带叶枝条，剪成长度约20cm的插条。插条摘去两侧小叶，只留中部3片小叶；如中央小叶过大，可剪去1/2。扦插于苗床内，并保持一定温度和湿度，插床上要覆盖薄膜，可在苗床上再搭帘遮阳以避免强光直射，每天浇1～2次水，并适当通风，扦插后1个月左右生根，去掉薄膜，到2个月左右便可进行移栽；移栽应选阴天或傍晚工作，以带土移植好。8月以后气温降低，易生长不良，故移栽不宜过晚。

① 硬枝扦插。3月初，刺五加萌芽前采集1年生健壮的木质化或半木质化的枝条，其中木质化的1～3年生健康枝条生根率高，插条长度15～35cm。捆好后放入菜窖，用湿沙埋深5～8cm（剪口以上），4月上旬将枝条取出，选择健壮的枝条剪成12cm左右长的插条，剪口前保留1个芽，芽与剪口距离1.0cm，插条上口切平，下切口（扦插断面）切为马耳形（楔形），且下切口应位于节上以便提高生根率。剪好的插条视其粗细，20～100个插条捆成1捆，随即将制备好的刺五加的插条先用0.2%～0.5%的多菌灵或高锰酸钾溶液浸泡20～30min，晾干后用0.5～1.0g/L的生根粉浸泡2～4h。或吲哚丁酸溶液速蘸备用插条经生根激素处理后，于温棚苗床进行扦插。扦插深度以插条长的1/3为宜，且扦插不能过密。

扦插后浇透水，再搭建遮阴棚。插床要求深18～20cm，宽70～80cm，床底铺5cm厚，河沙经50%多菌灵500倍液消毒过，然后把经浸泡过的插条插到床内，株行距3cm×3cm，每平方米插1100株左右，插完后再用河沙把插床填满，并超过插条顶部3～4cm。在插条底部、上部各放1支温度计，以便观察温度，最后插床上用塑料搭拱棚，插床上端的温度控制在22℃以下，当温度超过22℃时。拱棚上遮阴，插条基部的温度控制在10℃左右为宜。这种倒插做法的目的是提高床面温度促进根原基形成，而床底温度低可控制提早发芽。倒插催芽处理约20天，发根率可达70%以上。扦插前，首先将苗床浇足底水，开沟深5cm，行距10cm，插条距5cm，插条放入沟内埋土压实，再浇1次水。插后保持插条底部湿润，及时除草。

刺五加硬枝扦插生根率极低，繁殖苗速度慢，而露地的绿枝扦插当年不易成熟，如果采取利用保护地提早扦插，延长生长期育苗的方法，可达到当年育苗当年出圃的目的。

② 嫩枝扦插。6月中旬，选择当年充实的半木质化的新梢嫩枝，为防止因放置时间长、枝条失水而影响扦插成活率，就尽量缩短剪条和扦插之间的时间，最好是在剪条后，直接将枝条放入带水的容器中。将枝条剪成10～18cm长的插条，插条下端剪成45°角，上切口在芽眼上部1.5cm处剪断，剪口要平滑，插条上部保留1～2个掌状复叶或将叶片剪去一半，插前用1000mg/kg的吲哚丁酸或1000～2000mg/L的萘乙酸浸泡插条基部1.5min，促进生根。再斜插入行株距为10cm×4cm的苗床中，入土的深度以插条上部的芽眼距地面的土壤1.5cm左右为宜，全角扦插基质为洁净细河沙和细炉灰，扦插床铺设厚度为20cm左右。设简易遮阴棚，扦插后实行喷雾管理，叶片保持经常湿润。每日浇水1～2次，20～25天生根，去掉薄膜，生长1年后移栽，按行株距2m×2m挖穴定植。扦插初期，插条刚离开母体，蒸腾作用较大。要将基质的5cm深温度控制在25～30℃，要常喷水降温，保持温度不高于30℃，利用喷水要经常保持叶面有一层水雾。生根后要减少喷雾的次数，保持基质湿润，叶面湿润就可以。扦插后启动喷雾装置进行定时喷

雾，当天傍晚喷 1 次多菌灵，以后每周 1 次，雨过天晴加喷 1 次，直至生根为止。生根后每半个月喷 1 次叶面肥（喷得灵Ⅰ型 700 倍液），促进新根的生长和木质化的程度，对掉落在扦插床上的枯枝落叶要及时地清理以免造成病菌的感染。扦插苗在九月下旬移栽到营养钵和越冬的苗床上，入冬前进行防寒。

③ 地下茎段繁殖。刺五加根茎发达，多在表土下 20cm 左右，在 4 月中下旬，土壤刚解冻时挖取粗度在 0.8cm 以上的地下茎(一般沿地表 3～5cm 分布)，立即用含水率 60%湿沙埋藏催芽。每日观察，待地下茎芽苞变白，芽萌 2cm 左右时，剪成长 9cm 左右的小段。每个地下茎段至少留有 1 芽，每茎段至少留有 4 芽，芽距地下茎段上端 1～1.5cm，按 0.3m×0.5m 株行距栽植。栽植地下茎段时采用直立土中露芽或不露芽方式，茎段上端与床面平即可。土壤常规 $FeSO_4$ 消毒，常规除草和水肥管理，在阳光强、温度高时，使用遮阳网遮阳。生根率可达 80%以上。土壤为砂壤土，作床宽×高为 1.1m×0.2m，具备浇水、管理条件。刺五加地下茎段繁殖属无性繁殖，能保持亲本优良性状，是刺五加进行人工繁育和基因资源收集、保存的有效方法。

④ 压条繁殖。于早春萌发前或秋、冬季植株休眠期进行。压条繁殖应选择 2 年生、生长健壮、长度 60cm 以上的两个枝条。把接近地面的枝条拉弓弯曲埋入土中 10～20cm，使梢部露出地面，到第 2 年可以把已发根的压条苗截离母体，进行分株移栽。采用压条繁殖可以加速生长繁殖速度，提高生长量。

⑤ 分根繁殖。早春根系萌动前或秋季落叶后，将刺五加整株连根挖出，用利刀将分蘖枝和与它相连接的根系切分成独立植株，一丛分成 6～10 份，将根上枝条全部剪掉，长根或损伤根亦要剪掉，按株行距(40～60)cm×60cm 定植，母株栽回原处。剪掉根上枝条的目的是防止生理干旱，因为此时气温较高，而地下根尚未长出新根，不能及时吸收水分，易造成水分失调，导致生理干旱。

⑥ 分株繁殖。在栽培园中 3 年生以上的刺五加可产生大量发达的横走茎，多分布在地面下 10～20cm 的土层内，向四周延伸，顶端形成越冬芽，所有植株周围都可以萌发一些幼株，可于早春或

晚秋将这些幼株起出，挖穴定植。

⑦ 组培育苗。刺五加组织培养适宜的分化培养基是 BZ＋3.0mg/LNAA＋2.0mg/L6-BA，适宜的生根培养基为 BZ＋0.2mg/LIBA。采用组织培养亦存在分化频率低，技术要求高，操作难度大的缺点。

2. 日光温室刺五加反季节栽培技术

(1) 整地施肥　通常日光温室朝向为坐北朝南，东偏西 5°。11 月至次年 2 月，在日光温室大棚内，每 667m^2 地施腐熟农家肥 3000kg，深翻 30cm，捡净石头等杂物，耙平床面，然后做床。床长、床宽因棚因地而定，床与床之间要留 50cm 宽作业道。在床面上按株行距 35cm×35cm 密植 2 年生大苗让其自然生长一年、晚秋土壤封冻前将植株高出地面 5cm 以上全部平茬割掉。

(2) 扣棚升温　日光温室可翌年 2 月之前提前加强调温、施肥、浇水管理，苗床底部铺地热线，上扣塑料拱棚，并保证夜间最低温度不低于 5℃；夏季室外温度较高时，在遮阳网下进行，并控制白天最高温度在 30℃以下。当棚内地温升至 6℃左右、气温 4℃左右时，刺五加开始萌芽抽茎，当地温升至 12℃左右、气温 10℃以上时生长迅速。

(3) 定植及定植后管理　移栽的适宜时期为较冷季节，1～3 月，日光温室苗床内的温湿度容易控制，苗成活率高，管理成本低。在高温的夏季成活率低。但如果具备完善的温湿度、光照等自动控制条件，完全可以进行周年移栽，实现真正的工厂化生产。

春夏季节要常锄草松土，保持田间无杂草。当苗长高至 5cm 时拔掉过密的小苗，当苗长高至 10cm 时按株距 8cm 定苗。

(4) 采收及采后管理　当嫩芽长 15～25cm，叶未完全展开时应及时进行采收上市。采摘时用手折断嫩茎，基部至少保留 2 片叶，要随采随装入塑料袋中，防止失水变老，可采收 8～10 茬，每茬采后要浇 1 次透水。5 月中旬嫩芽采收结束后及时撤膜，增施肥水，改善树体营养状况，同时进行疏剪，每株保留 2～3 个新梢，为来年丰产创造条件。

3. 塑料大棚刺五加反季节栽培技术

大棚栽培刺五加的经济效益，每667m^2产值达18000元，是山坡地种植刺五加产值的3倍。在大棚中栽培刺五加，因大棚透光，经调温、调水，早春提前萌动生长，日光温室春节就可采摘，塑料大棚栽培刺五加能够从3月下旬到5月初多次采摘上市。

(1) 整地施肥　同日光温室栽培。

(2) 定植及定植后管理　定植时，一手植苗，一手培土，当培土过半时，将苗向上轻提，使其根系舒展，再适度按紧，然后培满土。单行单株定植，移栽结束浇足定根水。

移栽初期，应视土壤干湿情况浇水，一般1～2天浇1次水，苗木成活后，3～5天浇水1次，总的原则是使土壤保持湿润状态。刺五加移栽后，温度应控制在18～28℃，超过此温度应打开大棚的两端和两侧通风降温。移栽成活后，视苗情用0.1%～0.2%的磷酸二氢钾或0.2%～0.3%的尿素溶液进行根外追肥，隔1～2周进行1次。进入投产期后，由于每次采收幼嫩枝叶，带走了大量养分，需及时施肥，因此，结合中耕除草，每667m^2施30～40kg复合肥或是尿素15～20kg、磷肥10～15kg、硫酸钾5～8kg，混合深施，同时配合施用腐熟的人粪尿。当苗木生长到40～50cm后，将其主枝离地30cm左右剪去，解除顶端生长优势，促进侧枝生长，为了方便管理采收，应将采摘面控制在高80～100cm，宽度不少于80cm。每年进行1～2次重修剪，剪去枯死枝或刷把枝（图3-67）。

(3) 扣棚升温　11～12月搭建宽8m、长50m、高2m的PVC管塑料大棚骨架，翌年2月中下旬扣棚。扣棚后到萌芽经历7～10天的萌芽期，此期升温较慢，白天温度控制在10～15℃，夜温控制在5～8℃，最低不低于3℃，相对湿度保持在70%～80%，之后进入嫩芽生长期，逐渐升高温度，白天温度控制在20～25℃，最高不超过30℃，夜间温度控制在10～18℃，保持大棚相对湿度80%～85%，至嫩芽采收结束。扣膜后25～30天可采收第一茬嫩芽。扣棚后每667m^2追施农家肥2000kg和氮、磷、钾复合肥，同时灌1次透水，以后视干旱情况进行灌水。

(4) 采收及采后管理　同日光温室栽培。

图3-67　刺五加栽培

(三) 采收

采收的主要标准是嫩芽、鲜叶（图3-68)。芽长15～20cm，叶片要展开还未完全展开为准，或刚萌发的叶片展平而又鲜嫩的长3～5cm的嫩叶。进入采收期后，要及时采收上市。采摘过早降低产量，产品不合格；采摘过晚芽基变老，品质下降，失去食用价值。采摘时要随采随装入塑料袋中，防止失水变老，最好及时加工处理。采收时，15～20根为1把捆好，每个侧芽条茎部仍要保留1～2个芽，以确保连续生长，增加产量。

从12月末至翌年5月末均可上市。冬季反季节生产可采收8～10茬，每平方米平均产量可达2.6 kg。

(四) 病虫害防治

刺五加有较强的抗病虫害能力，但随着种植时间的延长和面积的增加，病虫害发生概率也相应增加，必须加强生长状况的定期观测并做好预防措施。

图 3-68　采收后的刺五加

1. 病害

(1) 黑斑病（又称斑点病，叶枯病）

【症状】 危害叶、茎、花梗和种子，主要危害叶片和幼嫩的茎。先从下部叶正面开始侵染，病斑初期为 1mm 黄褐色或黑色小斑，逐步扩大至 8mm 左右的近圆形大斑，外围为黑褐色或黑色水渍状，后期严重时扩大为 13～15mm 不规则型连片病斑，病斑处干燥易破裂，中间干枯穿孔。

【发病规律】 该病害主要是由链格孢属真菌引起的，刺五加黑斑病病菌生长发育和侵染的最适温度均为 25℃。该病害发病时间集中在 6～8 月间，低温高湿条件下等适宜环境下易发病。在同等情况下对刺五加进行侵染，茎部的发病率最高，发病也最快。

【防治方法】

a. 合理轮作，清洁田园，消灭越冬菌源。

b. 加强田间管理，增施磷、钾肥，提高抗病力。

c. 雨季喷洒 1∶1∶100 波尔多液预防，发病初期 65%代森锌 600～800 倍液，每隔 10～15 天喷 1 次，用量为 75kg/667m^2，连续喷 2～3 次。发病期喷洒 75%百菌清可湿性粉剂 500 倍液，或

50%甲霜灵可湿性粉剂500倍液。可用50%多菌灵500倍液，50%扑海因1500倍液，50%甲基托布津液，每15天喷1次。还可用扑海因50%可湿性粉剂1200倍液或甲基托布津70%可湿性粉剂1200倍液喷雾防治。10%世高水分散剂、30%福嘧霉悬浮剂和20%黑星叶霉唑超微可湿性粉剂对刺五加黑斑病也有很好的抑菌效果。

(2) 立枯病

【症状】主要危害幼苗茎基部或地下根部，初为椭圆形或不规则暗褐色病斑，病苗早期白天萎蔫，夜间恢复，病部逐渐凹陷、溢缩，有的渐变为黑褐色，当病斑扩大绕茎一周时，最后干枯死亡，但不倒伏。轻病株仅见褐色凹陷病斑而不枯死。苗床湿度大时，病部可见不甚明显的淡褐色蛛丝状霉。

【发病规律】刺五加苗木立枯病是由真菌引起的土传病害，致病菌包括立枯丝核菌和腐皮镰刀菌。病菌通过雨水、流水、沾有带菌土壤的农具以及带菌的堆肥传播，从幼苗茎基部或根部伤口侵入，也可穿透寄主表皮直接侵入。多发生在苗期。温度过高易诱发本病。

【防治方法】

a. 用甲托、恶霉灵、普力克加福美双等药剂对床土进行消毒。

b. 苗期喷施浓度为0.1%～0.2%的磷酸二氢钾叶面肥，增强植株的抗病性。

c. 用40%的立枯1000倍液或42%福甲可湿粉剂500倍液，75%敌克松800倍液，喷洒幼苗根部，每15天喷1次。40%甲霜·福美双可湿性粉剂对立枯丝核菌和腐皮镰刀菌的菌丝生长具有较好的抑制作用。也可选择苯醚甲环唑和醚菌酯等新型杀菌剂对刺五加苗木立枯病进行防治。药剂防治要连续喷施2～3次，间隔期为10天左右。

(3) 灰霉病

【症状】主要为害刺五加叶片，发病时间主要在6～8月，首先在叶缘或叶尖处发病，逐渐扩展形成不规则形病斑，后期病斑较干枯易破裂，随着病斑扩大病斑呈灰褐色，在湿度大时出现灰色霉层。严重时病斑扩展至叶片的一半或全部，干枯，较易破碎。

【发病规律】灰霉病菌在低温、高湿等条件下菌丝生长较快，孢子易萌发。在20℃生长最快，大量产菌核，25℃大量产孢，pH值6～7大量产孢、产菌核。

【防治方法】

a. 发病初期，及时清除病叶，烧毁或深埋，减少病原菌。

b. 地膜覆盖时，不要过密。棚室内做好温湿度调控，加强通风管理，降低空气湿度。

c. 药剂防治。可用50％扑海因1500倍液，或50％益得500倍液，或50％多霉灵800倍液，或60％灰霉克500倍液，或30％灰霉灵800倍液。

（4）猝倒病

【症状】受害幼苗茎基部产生褐色病斑，逐渐使幼茎萎缩直至幼苗枯死，一般不立即倒伏。受侵染子叶也可产生褐色不规则形的病斑。

【发病规律】其病原菌主要是立枯丝核菌，孢子萌发的最适温度为25℃，幼苗子叶期，气温较低、空气湿度大和土壤潮湿时容易发病。易发生于刺五加幼苗生长时期。

【防治方法】

a. 轮作和清洁田园，减少菌源。

b. 加强田间管理，增施磷、钾肥，提高抗病力。

c. 刺五加育苗地整地时敌克松用量为4g/m^2，用喷粉器将混合的药品均匀喷洒在土壤表面上，旋耕整地，进行1次土壤消毒杀菌处理，待幼苗出土后每7天用敌克松或多菌灵稀释500～800倍液消毒1次，连续3～4次。在种芽出土50％时应及时灌药。采用“复活一号”750倍液，每周1次灌根，防治效果较好。“盖瑞克”等防治效果也显著，苗害防治直至秋季成苗。此外，10％世高可湿性粉剂、50％扑海因可湿性粉剂和30％福嘧霉悬浮剂对刺五加黑斑病菌也具有较好的抑制作用。

2. 虫害

刺五加苗期主要地下害虫有蝼蛄、蛴螬、地老虎和金针虫（图3-69，彩图）等。它们专食害苗根或咬断根茎，危害严重时直接影响育苗效果。发现危害应及时防治。其方法主要是物理防治，如黑光灯诱杀、人工捕杀等。

图 3-69 金针虫

十六、薄荷

（一）概述

薄荷，又名蕃荷菜、野薄荷、夜息花、水薄荷、苏薄荷、土薄荷、南薄荷、鱼香草、仁丹草、升阳草等，为唇形科薄荷属多年生宿根性草本植物，是一种有特种经济价值的芳香植物。主要食用部位为幼嫩的茎和叶。薄荷具有医用和食用双重功能，具有疏热解毒、消暑化浊、透疹、消炎止痒、清热解表、祛风消肿、利咽止痛、提神解郁之功效。能健胃、防腐去腥、抑菌抗病毒。也可用作防腐剂、兴奋剂、局部麻醉剂，广泛用于医药、食品、化妆品、香料、烟草工业等。作为一种很好的保健蔬菜，其营养价值极高。据测定，每100g鲜重薄荷含蛋白质6.8g、碳水化合物36.5g、脂肪3.9g、膳食纤维31.1g、维生素C 53.8mg、胡萝卜素0.7mg、维生素B_2 0.41mg，还含有人体必需的维生素E和铁、锰、钠、锌、铜、钾、磷等多种微量元素，此外，还含有薄荷醇、薄荷酮、柠檬烯、薄荷烯酮等。

薄荷广泛分布于北半球温带地区，中国、朝鲜、日本、俄罗斯、英国、美国、法国、西班牙、意大利、巴尔干半岛等都有分布。我国大部分地区均有种植，以南方地区的江苏、安徽、江西、浙江及云南栽培较广。多生于2100m海拔高度，但也可在3500m海拔上生长，多生于山野、湿地、河旁。

薄荷目前市场售价在10元/kg左右，而市场供应主要靠采摘野生薄荷，远不能满足市场需求，采用光棚温室种植的薄荷则是春节餐桌上的鲜菜。薄荷还可与苹果等果树间作，提高土地利用率，增加经济效益。因此，栽植薄荷具有很好的开发前景和市场潜力，是广大菜农增收致富的途径之一。

1. 形态特征

薄荷（图3-70，彩图）多年生草本，株高10～120cm，因种类而不同。全株具有浓烈的清凉香味。根系发达，具纤细的须根，根茎大部分集中在土壤表层15cm左右的范围内，水平分布约30cm，一般匍匐地面而生。地下根状茎细长，白色或白绿色，具节。地上茎基部稍倾斜向上直立，具四槽，赤色或青色，上部被倒向微柔毛及腺点，多分枝。单叶对生，绿色或赤绛色，叶面有核桃纹，有叶柄，柄长2～10mm，叶片长圆状披针形、披针形、椭圆形或卵状披针形，稀长圆形，长3～7cm，宽0.8～3cm，两面沿叶脉密生微毛或具腺点，叶缘基部以上具整齐或不整齐扁尖锯齿。用手揉碎后，有强烈的清香气和辛凉感。花小，淡紫色或淡红紫色，二唇形。轮伞花序腋生，常由多朵花密集而成；花萼管状钟形或钟形，齿5，长约2.5mm，外面密生白色柔毛及腺点；花冠管状，淡紫

图 3-70 薄荷

色，长 4mm，外被微毛，顶端 4 裂，雄蕊 4 个，伸出，雌蕊 1 枚，花药 2 室；花柱着子房底，顶端 2 裂。花柱 2 裂，小坚果卵圆形，黄褐色或暗紫棕色，无毛，具小腺窝。花期 6～10 月，果期 9～11 月。菜用薄荷因常采摘嫩尖，一般不开花结籽。

2. 对环境条件要求

薄荷对土壤的要求不十分严格，除过砂、过黏、酸碱度过重、过于干燥土地以及低洼排水不良的土壤外，一般土壤均能种植，以腐殖质土为最好，砂质壤土次之，更次为黏壤土、冲积土。土壤酸碱度以 pH 值在 6～7.5 为宜。薄荷为长日照作物，性喜阳光。喜欢光线明亮但不直接照射到的阳光之处，日照长，可促进薄荷开花，且利于薄荷油、薄荷脑的积累。在生长期需要充足的光照，特别在孕蕾开花期、需要有充足的阳光，光照充足有利于光合作用，有机物质的积累，提高地上部产量，并增加油、脑的含量。在阳光不足的条件下，植株生长纤细，叶片大而薄，油、脑含量降低。薄荷较耐阴，栽培在背阴处生长较好。宜和其他作物间套作，如果园、桑园、玉米田等间作，使其生长茂盛，品质优良。薄荷适宜温暖环境，但也较耐热和耐寒，喜湿润却不耐涝，地上部能耐30℃以上高温气温30℃上时也能正常生长，气温降到－2℃时地上部分会受冻枯萎，但地下茎耐寒性强。在土壤有水分的条件下，根部在－30℃仍能安全越冬，故北方也适宜种植。早春土温2～3℃时便能发芽生长，幼苗能忍耐－8℃低温，成株地上茎叶在秋末冬初昼融夜冻时仍可保持绿色而不枯。月平均温度在22～25℃生长迅速。其生长最适宜温度为25～30℃。气温低于15℃时生长缓慢，高于20℃时生长加快。在20～30℃时，只要水肥适宜，温度越高生长越快。同时需要有丰润的水分，薄荷根系入土浅，大部分布于0～15cm的土层内，抗旱、耐涝力差，秋季高温干旱时期应适时灌水，以保证植株生长。过于干旱植株生长矮小，易脱叶，多湿易引起病害。

（二）栽培关键技术

1. 种苗繁育技术

薄荷可以采用地上茎、根状茎和种子繁殖。但由于薄荷是常异交作物，用种子繁殖，常发生变异、退化，故生产上一般采用无性繁殖。薄荷的根茎和地上茎均有很强的萌芽能力，常用作无性繁殖材料。大部分薄荷可用分株法或扦插法繁殖，在生长季节（春至夏季为佳）中利用切成一节节的茎繁殖，非常容易发根。薄荷繁殖方式以扦插、种子和秧苗繁殖为主，存在品种更新缓慢、易感染病毒等缺点，而应用组织培养技术可克服薄荷传统繁殖方式的缺点。生产上，薄荷栽种方式主要有根茎栽植、分株栽植和扦插繁殖三种，组培和多倍体繁殖也日渐兴起。

(1) 根状茎繁殖　在4月下旬或8月下旬进行种根培育。在田间选择生长健壮、无病虫害的植株做母株，按株行距20cm×10cm种植。在初冬收割地上茎叶后，根茎留在原地作为种株。栽植期为10月下旬至次年3～4月，栽前在种子田将根状茎翻起，截成6～8cm或20～30cm长的小段，摆在开好的种植沟内，按株行距(15～20)cm×20cm开沟，沟深6～10cm。摆好根茎后，施稀薄人畜粪尿，随即覆土、压实，并浇透水。需根状茎量为100～250kg/667m^2。根状茎繁殖的薄荷，当苗高约10 cm时或移植的苗成活后即要中耕除草1次。

用根状茎繁殖，入冬前或初春栽种都可以。冬栽的春天出苗早，产量可提高5%～8%。春栽可在春分到清明间进行。每667m^2需种根10～15kg。栽一次可连续收获2～3年。

（2）分株繁殖　选生长良好、品种纯一、无病虫害的田块做留种地，秋季收割后，立即中耕除草并追肥1次，翌年早春4～5月，待薄荷新苗长到高10～15cm时，应间苗、补苗。利用间出的幼苗，连根茎一同挖起，分株移栽。此法在收第一、二茬时均可进行，按株行距为(10～15)cm×20cm挖穴，深6～10cm，每穴栽苗1～2株，盖土压紧，施稀薄人畜粪尿。

（3）扦插繁殖　每年的5～6月，选取健壮的地上茎，将其切成6～10cm长的小段插条，在整好的苗床上，按株行距3cm×7cm进行扦插育苗，待生根成活后移栽。

无论哪种方式繁殖，栽前都要精细整地，施足基肥，特别是施足有机肥。大田的床宽以1.3～1.5m为宜，以便于灌溉和田间管理。

（4）试管繁殖　我们用微型扦插法（切段法）进行试管繁殖，茎尖经灭菌培养后形成无菌苗，后者切成带有一对对生叶的小段，切段扦插在MS+BA2上进行培养，2周后从切段的叶腋内伸出两根枝条，平均每个切段可产生5对对生叶，4周后每个切段可产生10对对生叶，并能同时形成根系，发育成小植物。因此每隔2周传代增殖1次，可增加5倍，每隔1个月传代增殖1次，可增加10倍。将小植物移于土中进行盆栽，便会长成健康植株。薄荷愈伤组织和根系诱导的最适宜培养基为1/2MS培养基，芽分化的最适宜培养基为B5培养基。

该方法的特点在于，可有目的有计划地安排种苗生产规模；有效解决无性繁殖作物病毒病危害问题；在短时间内实现对高附加值、低繁殖率的经济植物的大量繁殖；节约空间，充分利用现代园艺设施，降低能耗；苗齐苗壮，成本低廉；试管苗适于长途运输，便于商品化供应。

（5）多倍体繁殖　在生产上，薄荷采用无性繁殖。经多年栽培后，品种常退化，因而必须不断培育新品种，以替换退化的品种。采用的方法是用秋水仙碱水溶液处理薄荷实生幼苗的生长点，上下午各点滴1次。用0.2%浓度处理2天，能得到巨大型变异的多倍体植株。

2. 日光温室薄荷反季节栽培技术（图3-71）

多年来，薄荷生产存在着品种老化、退化严重，栽培技术水平低下，种植管理粗放，产品开发没有形成大的规模等问题。因此，采用组培的方式繁育种苗，炼苗移栽入日光温室内，成活后再剪取茎尖扦插育苗，最后移栽到大田。这样成活率高，繁殖速度快，解决了品种老化、退化等问题。

图3-71　薄荷的日光温室栽培

（1）外植体的准备　选择健康、无病虫害、长势旺的植株，剪取中上部茎作为外植体。先除去叶片，再剪成10～15cm的小茎段，每一茎段带1～2个节，剪好的茎段放入烧杯中，用洗洁精清洗干净，再用流水冲洗。先用75%酒精浸泡5～15s，再用无菌水冲洗3遍，最后用0.1%HgCl加1滴吐温80浸泡6～10min，并不停摇晃，然后用无菌水冲洗3～5遍。

(2) 培养基和穴盘的准备

初代培养用MS培养基，MS＋6BA（1.0mg/L）＋NAA（0.2mg/L）＋10g琼脂＋10g蔗糖，调节pH值至5.0～6.0。继代培养基以1/2MS＋NAA（0.2mg/L）效果最佳。

穴盘准备：全年均可以扦插育苗。养土用有机基质与田土按3∶1配制，将营养土与水混合放入穴盘的孔穴中，稍压实。

(3) 外植体接种　无菌室先打开紫外灯照射20min，同时，超净工作台也打开预热20min，再用75％酒精空间喷雾，使空气中的灰尘迅速沉降。将灭菌后的材料立即接种在培养基上，每瓶接4～6株，并注明接种日期和接种人姓名，放入培养室培养。

(4) 培养条件　培养室温度保持在25℃左右，湿度60％～70％，光照强度1500～2000lx，每天光照12h。

(5) 继代培养　初代培养成活后，可转入继代培养基进行生根培养。挑选植株高度接近瓶口的培养瓶，放入无菌操作台，用剪刀伸进培养瓶，把植株剪成若干茎段，用镊子夹取茎段接入继代培养基中，每瓶接8～10株，标明接种日期和接种人姓名，放入培养室培养。

(6) 炼苗　继代培养生根后的植株，需先进行炼苗，将培养瓶移到温室内自然光下培养1天，加盖遮阳网，2～3天后打开瓶盖，开盖后每天勤喷水，多通风，2天后便可移栽。

(7) 移栽　移栽时，先将苗从瓶中取出，放入温水中，将根上附着的培养基清洗掉，然后开沟移栽入温室，精心管理。为节省空间和冬季温室燃煤成本，可采用架式集中育苗，育苗架高度由温室高度确定，可采用斜坡多层式焊架，每层架高度不低50cm，两架间距120cm。有条件的地方可采用喷灌方式供给肥水，当苗高20～25cm时保留地上1～2节，按3节剪成一段，扦插到事先准备好的穴盘中，插入穴盘深度为3cm。

(8) 采收及采收后的管理　薄荷在主茎高20cm左右时开始采摘嫩茎叶。为了保证药用蔬菜的周年生长，每次采收后应及时做好追肥工作。

繁殖效率上，繁殖系数达到1∶10000，并且呈几何级数增长，一般情况下不存在数量问题，可以人为调节种苗规模。按照生产规模，充分利用温室等园艺设施进行立体育苗。薄荷属于自然繁殖率较高的无性繁殖作物，每栋温室（666.7m^2）可生产成苗20万～30万株。

（9）采收　收割时用镰刀就地面平割，收获两次的，离地面2寸处割下。

菜用薄荷，当主茎高20cm左右时即可采摘嫩尖供食（图3-72），由于破坏了顶端优势，侧枝生长更快，一般在温暖季节20天左右采收1次，冷凉季节40天左右采收1次。南方地区一年四季都可采摘，而以气候适宜的4～8月份产量最高、品质最佳，采收间隔15～20天；北方地区冬季采用保护地设施栽培，亦可达到周年供应的目的。

图3-72　采收后的薄荷

（三）病虫害防治

病虫害是制约薄荷人工栽培的重要因素。在设施栽培条件下，薄荷发生的主要病害为叶枯病、病毒病和灰霉病。常发虫害为蚜虫、造桥虫、温室白粉虱、红蜘蛛、棉铃虫，为害高峰期分别为6～9月。在种植过程中薄荷发生白粉虱虫害可以在发生初期喷施200g/L吡虫啉可溶液剂。

1. 病害

(1) 叶枯病

【症状】此病主要为害叶片，在叶片上产生大小不等浅褐色至暗褐色不规则形坏死斑，多个病斑相互连接至叶片枯死，空气潮湿时，病斑表面产生灰黑色霉状物，即病菌的分生孢子梗和分生孢子。

【发病规律】薄荷叶枯病属半知菌细交链孢霉真菌，在设施栽培条件下发病主要集中在8～10月，其间以8月发病较重。

【防治方法】

a. 通风透光，降低叶面湿度，减少侵染机会。

b. 增施氮磷钾肥，促使枝叶成熟增强抵抗力。

c. 药剂防治。在发病严重的区域，从8月病初期到10月间，可选用1∶1∶100倍的波尔多液、50%托布津500～800倍液、50%多菌灵可湿性粉剂1000倍、65%代森锌500倍液等，或交替使用，每隔10天左右喷1次药，连续喷施几次可有效地予以防治。

(2) 薄荷病毒病

【症状】此病多全株表现症状，常在幼嫩叶片上出现黄绿相间、不规则的花叶或斑驳。病株叶片较健株略小，轻微扭曲，后期呈不规则坏死。有的病株明显矮化，嫩少扭曲皱缩，中下部叶片呈不规则坏死，终致全株枯死。

【发病规律】可由桃蚜、棉蚜以非持久性方式传毒，种子不能传毒。薄荷病毒病在设施栽培条件下发病主要集中在6、7、9月，其间发病比较均匀，这与高温、干旱适于其发生有关。

【防治方法】及早灭蚜防病，抓准当地蚜虫迁飞期，在虫口密度较低时连续喷洒20%氰·马乳油2000倍液或10%吡虫啉乳油1500～2000倍液、50%辟蚜雾可湿性粉剂2500～3000倍液。

苗期开始喷施多效好4000倍液或增产菌每667m² 30～50mL

兑水 75L，促使植株早生快发。

症状出现时，连续喷洒磷酸二氢钾或 20%毒克星可湿性粉剂 500 倍液、0.5%抗毒剂 1 号水剂 250～300 倍液、20%病毒宁水溶性粉剂 500 倍液，隔 7 天喷 1 次，促叶片转绿、舒展，减轻危害。采收前 5 天停止用药。

（3）薄荷灰霉病

【症状】此病主要为害叶片和嫩茎、嫩梢。叶片发病多从叶尖或积水的叶面及受伤的部位开始侵染。初形成水渍状灰褐色至红褐色斑，呈不规则 V 字形或近圆形。随病害发展，在病部产生灰白色毛霉状物，即病菌的分生孢子梗和分生孢子。空气湿度高，叶片很快坏死并致邻近植株迅速染病。嫩茎和嫩梢染病后亦呈浅褐色坏死腐烂，病部产生灰白色霉毛状物。

【发病规律】薄荷灰霉病在设施栽培条件下发病主要集中在 4、5、10 月，其间以 4 月发病严重，设施内低温、潮湿都利于病害的发生。

【防治方法】

a. 降低温室内湿度，注意温度、水分管理，经常通风，防止病害发生。

b. 定植前要清除温室内残茬及枯枝败叶，然后深耕翻地。发病前期及时摘除病叶、病花、病果和下部黄叶、老叶，带到室外深埋或烧毁，保持温室清洁，减少初侵染源。

c. 药剂防治。发病初期，使用 50%异菌脲按 1000～1500 倍液稀释喷施，5 天用药 1 次；连续用药 2 次，可有效控制病情。

（4）薄荷菌核病

【症状】主要发生在薄荷苗期。发病初期，病部呈水渍状，以后变褐腐烂，在病部长出浓密的白色絮状浓霉，最后转变为黑色的菌核。空气潮湿时，病害发生迅速，可造成幼苗成片死亡。

【发病规律】低温、高湿条件利于该病害的发生。偏施氮肥或霜害、冻害条件下发病严重。

【防治方法】

a. 合理施用氮肥，适当增施磷、钾肥。

b. 实行轮作，减少病源。

c. 药剂防治。发病初期用 800～1000 倍的硫酸铜或用 1∶1.5∶200 的波尔多液防治。在发病期间每 667m^2用 70%甲基托布津可湿性粉剂 500 倍液兑水 35kg 喷雾。7～10 天 1 次，连续防治2～3 次。

2. 虫害

（1）蚜虫

【危害】多聚集在薄荷叶片背面，使叶片变色、卷曲，停滞生长。

【防治方法】可喷洒 50%抗蚜威 1500～2000 倍液，或用 20%速灭杀丁乳油 2000 倍液防治，或用 2.5%敌杀死 2000～4000 倍液喷杀。

（2）薄荷根蚜

【危害】为害薄荷根部的虫害，造成植株褪绿变黄，很像缺肥或病害症状。薄荷受害后地上部表现为出现黄苗，严重时连成片，地表可见白色绵毛状物和根蚜，有虫株明显矮缩，顶部叶深黄，由上而下逐渐变淡黄到黄绿，叶脉绿色，最后黄叶干枯脱落，茎秆也同样由上而下褪绿变黄，叶片比健苗窄。受害后地下部表现为薄荷须根及其周围土壤中密布绵毛状物，根蚜附着于须根上刺吸汁液，并分泌白色绵状物包裹须根，阻碍根对水分、养分的吸收。

【防治方法】薄荷根蚜主要以药剂防治为主。2.5%敌杀死 5000 倍液、50%久效磷乳 3000 倍液都有较好的防治效果。

（3）尺蠖（造桥虫）

【危害】尺蠖在大暑与白露之间侵害，至立秋为害更甚，叶子全被吃光。

【防治方法】每 667m^2可用敌杀死 15～20mL，喷洒 1～2 次。还可进行人工捕捉或用毒饵诱杀。

（4）地老虎

当地老虎为害时，可用敌百虫毒饵诱杀。发现红蜘蛛时，可喷洒阿维菌素 2000 倍液防治。

第四章 山野菜保鲜贮藏

一、山野菜保鲜贮藏基础知识

（一）山野菜保鲜贮藏原理

山野菜保鲜并非单指山野菜不腐烂，而是包括了山野菜的防腐烂、防失重、防衰老等几方面内容。具体地说，山野菜的贮藏保鲜，是指把山野菜放在适宜的环境下，维持最低的生命活动，使山野菜体内的物质缓慢地变化，保持它的新鲜度、硬度及应有的色、香、味，延长它的衰老变化过程，从而促使山野菜货架期长，市场竞争力强和食用品质良好。

采收后的山野菜虽已脱离了母体，但并不意味着生命的结束，只不过是开始了其生命活动的又一阶段，即后熟衰老阶段，是生命的延续。呼吸作用是山野菜采后最主要的生命活动之一，也是生命存在的最明显的标志。由于山野菜采后呼吸作用所需要的原料，只能是山野菜本身贮存的营养物质和水分，因此，采后生命活动的结果，只能是贮存的营养物质的消耗，水分的减少，从而使山野菜品质逐渐下降。山野菜贮藏原理又称采后生理。新鲜山野菜的贮藏，是食品保藏方法之一。山野菜在贮藏中仍然是活的有机体，可依靠山野菜所特有的对不良环境和致病微生物的抵抗性，延长贮藏期，减少损耗，保持品质。我们称山野菜的这些特性为“耐贮性”和“抗病性”。所谓耐贮性是指山野菜在一定的贮藏期限内，能保持其原有品质而不发生明显不良变化的特性；所谓抗病性是指山野菜抵抗致病微生物侵害的特性。山野菜的耐贮性和抗病性是由山野菜各种物理的、化学的、生理的性状等综合起来的特性。

新陈代谢是生命的特征，如生命消失，新陈代谢也就终止，耐贮性、抗病性也就不复存在。所以，山野菜贮藏保鲜首先要保持其生命，保持了生命才能谈耐贮性、抗病性，才能延长贮藏期限，以达到保鲜贮藏的目的。

山野菜采后，其新陈代谢活动中的同化作用基本停止，异化分解作用成为主导方面。呼吸作用是在酶作用下的一种缓慢的氧化过程，它把山野菜组织中复杂的有机物质（如糖分、有机酸等）分解成比较简单的物质，并释放出大量的能量。呼吸作用可作为异化分解作用的标志，它一方面在山野菜的生命活动中提供能量及多种中间代谢产物，参与体内物质的相互转化过程，并参与调节控制体内酶的作用和抵抗病原微生物的侵害；另一方面，又不断地在体内氧化分解有机物，使山野菜衰老，这是呼吸作用的二重性。为了解决这个矛盾，山野菜的贮藏目的是维持山野菜缓慢的、正常的生命活动。所以调节并控制呼吸作用是山野菜贮藏保鲜技术的关键所在。

在贮藏山野菜时，要控制环境条件，即温度、相对湿度和气体成分的变化，通过控制环境条件来控制耐贮性、抗病性的发展变化。山野菜的耐贮性、抗病性决定于它们的遗传性，不同品种具有不同的遗传性，要选择适于贮藏的品种，然后在贮藏期间控制贮藏条件于最适宜的水平，这样才能延缓新陈代谢活动，以达到保鲜贮藏的目的。只有内因良好，外因有利，才有可能完成山野菜贮藏的任务。

（二）采收前后影响因素与控制

山野菜品种不同，内含物质和组织结构不同，耐贮性不同，即使是同种品种的山野菜，因生长环境不同，采前采后各种处理措施不同，耐贮性也有很大差异。因此，在山野菜保鲜贮藏过程中，首先必须了解各种山野菜各自的生长因素，如果不考虑这些因素，单单追求保鲜贮藏技术，忽视先决条件，保鲜贮藏是很难成功的。

1. 采前因素的影响

（1）山野菜的生物学特性　不同种类和品种的山野菜，具有不同的遗传特性，也决定了它们各不相同的代谢方式，表现出不同的品质特征和贮藏性能。比如，叶菜类山野菜表面积大，代谢旺盛，一般不耐贮藏。块茎、球茎类山野菜，多了一个生理上的休眠阶段，最耐贮藏。不耐贮藏的山野菜一般多表现为组织疏松，呼吸旺盛，失水快，所含的物质成分变化消耗快，因而品质下降也快。因此，在山野菜保鲜贮藏过程中选择耐贮品种十分重要。

山野菜成熟度对其耐贮性有很大影响，成熟不足与成熟过度的山野菜不耐贮藏。各种山野菜的成熟度常以风味品质的优劣作为采收的首要依据，而用作长期贮藏的山野菜，还要以贮藏结束时的风味品质及损耗状况为标准。也可将山野菜的生长期（即从开花到成熟所需的天数）作为采收的依据，不可过早或过晚采收。

（2）自然环境因素　生长在不同纬度及不同海拔高度的同一种山野菜，由于所得到的光照、温度、雨量及空气相对湿度等气候条件的差异，其结构、成分、生理特性及耐贮性也随之改变。即使在同一地理位置，由于各年份温度、光照、雨量等条件的不同，山野菜化学成分及贮藏性也有明显的变化。而在山野菜的生理与生化方面的差异，主要表现在氧化还原能力与酶对低温的适应性上。温度高，生长快，产品组织幼嫩，可溶性固形物含量低。昼夜温差大，有利于山野菜营养物质的积累，生长发育良好，可溶性固形物含量高，山野菜品质好且耐贮藏。高湿多雨，会使山野菜干物质减少，气候潮湿，特别是采收季节阴凉多雨，使山野菜含糖量降低，缺乏应有之风味与色泽，且耐贮性差。在高温、高湿的条件下生长发育的，在田间生长期间就已遭受多种真菌的潜伏侵染，且果实收获期又集中在高温、高湿季节，因而极有利于病菌的侵染和繁殖，加速了果实的衰老和腐烂。但是，生长阶段如果雨水缺乏，又会影响某些矿物质元素的吸收，导致营养缺乏症，在保鲜贮藏中造成严重的损失。光照直接影响山野菜干物质的积累，如果生长期阴雨天多，光照不足，不仅山野菜产量下降，而且山野菜干物质含量也低，也严重影响山野菜的耐贮性。因此，要想得到满意的贮藏效果，就必须根据地理位置、地势、气候条件等制订相应的管理措施，尽可能获得优质耐藏的山野菜。

2. 采收时节

山野菜的采收主要依据品种特性、成熟度、贮藏期的长短和气候状况而有早有晚。采收的总原则应是及时而无伤，达到保质保量，减少损耗。山野菜采收成熟度、采收时间、采收方式，都应考虑到贮运的目的、方法和设备条件。山野菜是否耐贮藏与其采收方法有密切的关系。采收过早，组织幼嫩，呼吸强度旺盛，还未形成山野菜固有的风味与品质，不耐贮藏，有时还会增加某些生理病害的发病率；采收过晚，山野菜进入过熟阶段，接近衰老死亡期，运输时碰伤率高，亦不耐贮藏。所以确定最佳采收期对山野菜保鲜贮藏尤为重要。

棚室山野菜的采收期可以是一年四季，由于品种的不同和各地气候条件的差异而有所不同，可从以下几方面来判断。

① 山野菜的大小和形状，山野菜采收时，一般需待山野菜充分发育，生长停止后才进行。

② 山野菜的颜色，色泽是区分山野菜品种的标志之一，也是鉴别山野菜成熟度的标志之一。

③ 山野菜内在化学物质的变化，山野菜内糖、酸及其他可溶性固形物含量的变化和组成比例与山野菜的成熟度密切相关。山野菜成熟度低，糖分含量少，糖酸比值小；山野菜成熟度高，则糖多酸少，糖酸比值大。山野菜中可溶性固形物的含量可用手持糖量计测定。

3. 采收方法

山野菜是否耐贮藏，与其采收方法有着密切的关系。采收方式和适当处理是保持山野菜品质的必要条件。不正确的采收和粗放的处理，不仅直接影响到山野菜的销售、品质，而且引起损伤和变色，导致呼吸显著增加，生理病害发生，即使是轻微的表皮损伤，也会成为微生物侵入的通道而招致腐烂，缩短贮藏寿命。掌握正确的采收方法，对防止山野菜大量损耗有着重要的意义。

4. 山野菜的采后处理

山野菜采收后，高温对贮藏保鲜过程中品质的保存具有一定损害，特别是热天采收的山野菜，更容易因高温而造成损害。因此，山野菜在采收后应经过预冷，除去田间热，尽快降至所要求的品温，其目的在于能尽早抑制呼吸、后熟、蒸腾等生理作用，减轻微生物的侵袭，减少冷库热负荷的作用。由于山野菜种类不同，预冷的反应也不同，但总体来说预冷对山野菜的生理作用有抑制效应，并对化学成分的损耗及风味降低都有抑制作用。所以，山野菜采收后预冷越快，品质保存越好。预冷所要达到的温度，因山野菜种类、品种、运输条件、贮藏长短等不同而异。

5. 山野菜贮藏四要素

从宏观上讲，贮藏保鲜是一项系统工程技术，主要影响因素包括温度、湿度、气体或防腐，甚至采收期不当、采前灌水、采收机械伤过多、野蛮装卸或操作不当，以及一些更细微的影响因素，如预冷不充分、包装箱过大、码垛过密、保鲜剂放置位置或时间不对，都对贮藏保鲜效果产生不利影响。

温度、湿度、气体和防腐是果蔬保鲜 4 个关键因素，其中温度的作用率占 60%～70%，湿度、气体和防腐各占 10%～15%。也就是说，山野菜保鲜有了冷库，温度问题得到解决，相当于山野菜保鲜的主要问题解决了。但是，从上述保鲜因素分析看，冷库只是解决了贮藏保鲜问题的 60%～70%，如果希望得到更为理想的保鲜效果，还需解决湿度、气体和防腐另外 3 个因素。

（1）温度　一般来说，在 0～35℃，温度每升高 10℃，呼吸强度就增加 1～1.5 倍，也就相当于保鲜寿命或时间相差 1～1.5 倍。

可以简单地说，在山野菜不产生冷害或冻害的情况下，温度越低越好。因此，贮藏果蔬的普遍措施，就是尽可能维持较低的温度，将山野菜的呼吸作用抑制到最低限度。贮藏温度要恒定，否则，温度波动会促使呼吸作用加强，增加物质消耗，还使薄膜袋内结露水，不利于贮藏保鲜。

（2）湿度　一般来说，轻微的干燥较湿润更可抑制呼吸作用。山野菜种类不同，反应也不一样。

（3）气体　空气正常含氧气21%、氮气78%、二氧化碳0.03%。保鲜库内，二氧化碳和果实释放出的乙烯对呼吸作用影响重大。适当降低贮藏环境中的氧浓度和适当提高二氧化碳浓度，可以抑制果蔬呼吸作用，延缓后熟衰老过程。

（4）机械损伤　山野菜在采收、分级、包装、运输和贮藏过程中会遇到挤压、碰撞、刺扎等损伤。当果蔬受到伤害时，呼吸强度增强，乙烯产量增加，贮藏寿命缩短，还容易受病菌侵染而引起腐烂。

二、山野菜贮藏保鲜方法

目前棚室山野菜的采收方法，少部分是机械采摘，主要为人工采摘，再由加工厂集中收购，然后再进行保鲜贮藏加工。

采收后的山野菜直到加工食用前，仍然是一个独立的生物体，还在进行着呼吸、蒸腾等一系列生理作用。要控制山野菜新鲜度的急剧下降和品质劣变，必须根据各种不同山野菜的采后生理变化，山野菜的基本贮藏原理，以及山野菜贮藏期间对环境条件的不同要求，结合各地的自然和生产条件，采取相对应的保鲜贮藏方式。

目前，国内外应用的贮藏保鲜方法很多，可以归纳为常温保鲜贮藏、低温保鲜贮藏、盐渍保鲜贮藏等。

（一）常温保鲜贮藏

1. 人防洞贮藏

充分利用各地现有的人防工程，在山野菜贮藏中可利用人防洞贮藏来解决一些场所不足的问题。人防贮藏洞虽然形式各不相同，规模大小不一，但都是全地下式结构，在隔热保温方面有着优越条件，温、湿度较为稳定，贮藏量一般较大。为保持贮藏洞的低温，一般贮藏洞地面用倾斜式，地面高于主巷道地面。贮藏洞的通风，除在主巷道两端加设排风扇外，还通过通风道连接每个侧洞，便于空气循环。

目前各地人防工程如拟改建成贮藏洞，关键是要解决人防工程通风效果差的问题，这是能否搞好贮藏的关键，一般可采用增设通风、排气设施来解决。

入贮藏洞前对所贮原料要进行挑选分级、装筐及预冷处理，以提高贮藏效果，减少贮藏期间的生理病害和损失。预冷一般在通风阴凉处进行，预冷时间一般为 2 天，以彻底降低山野菜温度。入洞时避免高温，最好是早晨入窖洞，贮量大时可分批入窖洞。贮藏时不要几种山野菜混贮，最好一个洞贮藏一种山野菜。洞内以码 3 筐高为好，中间留出行道，供检查贮藏质量用，适当留垛间距离，以便通风换气。

2. 通风库贮藏

通风库是棚窖的发展，其形式和性能与棚窖相似。棚窖是一种临时性的贮藏场所，通风库则是永久性建筑。其造价虽比棚窖高，但贮量大，可以长期使用，20 世纪 70～80 年代在全国各地已很普遍。通风库的降温和保温效果都比棚窖大大提高一步。其一旦建成，可常年使用，所以反而比简易贮藏更经济、简便。通风库贮藏虽然主要适用于北方地区，但在长江流域乃至更南地区的山野菜贮藏方面也发挥着重要作用。

（1）山野菜入库前的准备　为了防止和减少山野菜贮藏过程中病虫害的危害，每次出完贮藏产品后，要彻底清扫库房，一切可以移动、拆卸的设备、用具都搬至库外进行日光消毒。将库房的门窗全部打开通风，然后进行库房消毒。一般常用的方法，比如是用硫黄熏蒸，每 100m^3 容积用硫黄 1.0～1.5kg，将锯末与硫黄混合，点燃锯末，发烟后将各种用具一并放入库内，密闭 2～3 天，然后打开门窗通风，排尽残药；2%福尔马林或漂白粉液喷洒；也可用臭氧处理，浓度为 30～50mg/m^3，兼有消毒和除异味的作用。库墙、库顶及菜架等用石灰浆加2%的硫酸铜刷白。使用完毕的菜筐、菜箱应随即洗净，用漂白粉液或5%硫酸铜液浸泡，晒干备用。

为了给山野菜贮藏创造一个低温环境，在山野菜入库前10～15天消毒处理后，白天密闭库房，夜间进行通风，尽量保持库内低温。在山野菜入库前，如果库内湿度低于适宜贮藏的相对湿度，应在地面进行喷水。在库房内的不同部位应放置温、湿度计，以便及时观察和了解库内温、湿度情况和采取控制、调节措施。

（2）山野菜的入库和摆放　为了保证入贮山野菜的质量，除适时采收外，还应及时入库。山野菜采收后，入贮前最好先经预冷或在阴凉通风处进行短时间预贮，然后在夜间入库，这样可以避免库外高温对库温的影响。

各种山野菜贮藏时都应先用菜筐装盛，再在库内堆成垛，或堆放在分层的菜架或仓柜内。装菜的菜筐应该大小规格一致，容量适当，轻便而又坚实耐用，便于堆垛。底和四周要镂空以利于通气。菜筐在库内堆垛时应留有间隙，菜垛与四周库壁、库顶、地面以及菜垛之间都应留有一定空间，以利空气流通。各种贮菜用具的材料应该经久耐用，不易霉烂腐蚀，不会变形，没有异味。

（3）山野菜入库后的管理　山野菜入贮初期，一般都要尽量增大通风量，使库内温度迅速降低。随着气温逐渐下降，要减小通风量，到最寒冷的季节，关闭全部进气窗，并缩短放风时间。

在增大通风量的同时，也改变着库内的相对湿度。一般来说，通风量越大，库内湿度越低。所以贮藏初期，库内相对湿度较低，山野菜易发生脱水，这时可采用喷水方法使库内相对湿度维持在85%～95%。在寒冷季节，由于通风量减小，库内温度太高，可适当加大通风量，或辅以吸湿材料来降低库内较高的湿度。

（二）低温保鲜贮藏

温度是山野菜贮藏中最重要的环境因素。低温保鲜贮藏，是现代山野菜保鲜贮藏的主要形式。冷藏是产品在具有高度隔热效能的贮藏场所内，通过降温措施保持适宜低温条件下进行贮藏的一种方式。降温的方法主要是利用冰或机械制冷，因此，冷藏可以不受自然条件的限制，可在气温较高的季节以至周年进行贮藏。

1. 机械冷库贮藏

机械冷库贮藏是在一个专门设计的绝缘建筑中，利用机械制冷系统的作用，将库内的热传递到库外，使库内的温度降低并保持在有利于延长山野菜的贮藏寿命的温度范围之内。机械冷库贮藏的优点是不受外界环境条件的影响，可以终年维持冷藏库内所需要的低温，冷库内的温度、相对湿度以及空气的流通都可以控制调节，以适于产品的贮藏需要。机械冷库贮藏效果较好，损失较小。但是机械冷库贮藏库（图 4-1）是一种永久性的建筑，费用高。因此，在修建之前对地址的选择、库房的设计，制冷系统的选择和安装，库房的容量方面等都应仔细研究。

图 4-1　机械冷库外部

菜用冷藏库的库容差别很大，小的贮菜仅几十吨，大的可达几千吨。不管何种形式，总以冷藏室为主体，另外配设各种附属用房。一个贮藏室的面积一般为几百平方米，应用搬运、码垛机械者应较大，以便于机械作业。各冷藏室有公共走廊连通并兼作缓冲室用。冷藏室都应设隔热门，最好能自动启闭，并在门顶设风幕，可减少开门时外界暖空气侵入室内。

菜用冷库既要防止漏风带入大量外界热，又要经常更新室内空气，防止二氧化碳、乙烯等积聚，为此，须有通风换气的设备。如何能使库内空气常保持清新而又减少能源消耗、使库温稳定，目前尚无理想的设计。在库内利用碱性物质吸收二氧化碳及用溴化活性炭等吸收乙烯，也还存在一些问题。

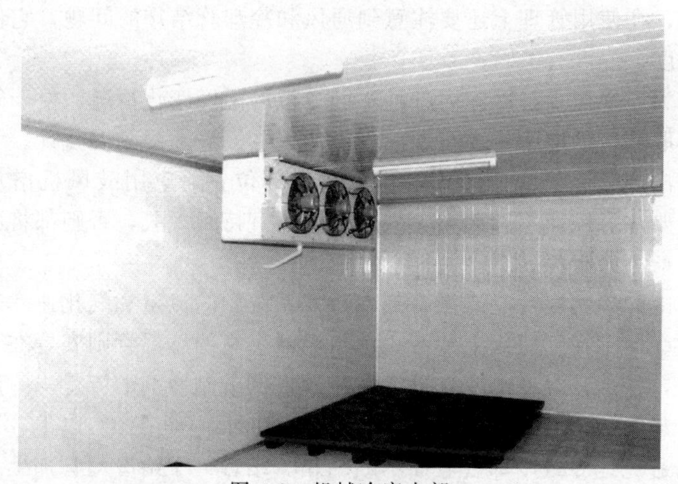

图 4-2　机械冷库内部

（1）温度管理　温度管理是冷藏管理的核心，而影响温度管理的因素复杂多变。首先应确定贮藏山野菜适宜的贮藏温度。一般都在冷害和冻害温度之上的临近值，贮藏温度高于适宜温度又会促进衰老腐败，而贮藏温度低于适宜温度又会导致冷害与冻害。故选择好适宜的贮藏温度是成功的关键。

进入库房的山野菜虽已经过预冷，但其温度与冷库内的温度相比，仍带有较多的热量，呼吸作用还没有稳定，会引起库温的升高。为保证山野菜能及时散出其呼吸热，入库堆积除按一定要求注意通风外，堆积也不应过密，库容量不宜过大，冷库超负荷运行将对贮藏不利。这时的管理主要是加强温度的调节，在短时期内使山野菜冷却到适宜的贮藏温度。调节温度时。应注意防止库温过低，以免造成冻害。在一般情况下，山野菜入库后约 20 天可以达到适宜的温度。在以后的贮藏过程中，主要是维持库内稳定而适宜的低温。

不论贮藏何种山野菜，都应力求库温稳定，且各部位温度须均匀一致。为此，库体应有良好的隔热性和密闭性，制冷量能满足热负荷高峰期的需要，冷却管（蒸发管或盐水管）有良好的导热性和足够的散热面积，并在库内配置合理、产品装载恰当等（图 4-2)。此外，在使用管理上还要注意到通风和冷却管结霜的问题，它们都同温度、湿度有关。

为了全面了解冷库内各种不同方位的温度变化情况，便于管理和采取相应的措施，要在冷库内不同位置安放准确的温度计。为了防止出现气流停滞的死角，可以在局部位置，应用鼓风机增加风速。要注意风速不宜太大，鼓风时间不宜持续太久，否则都将明显增大产品的干耗。

冷藏库的温度是靠制冷剂在蒸发系统中的流量和气化速率来控制的。通常在膨胀阀上装有一个恒温器，它的感温管则安置在蒸发器上，根据其温度的变化操纵膨胀阀以调节制冷剂的流量。一般冷库冷却管的温度常比库温低 10～15℃，而且总是在 0℃以下，这就不可避免地导致冷却管表面不断结霜。结霜等于给冷却管加上一道隔热层，从而严重影响制冷效应和保持恒定库温。想要阻止结霜，就得缩小库温和冷却管表面的温差，但山野菜冷藏库的温度很高，库温与其露点仅相差 1℃左右。缩小到这样小的温差而又要保证足够的制冷量，就得把冷却管的散热面增大许多倍，夹套式冷库的主要优越性就在于此。而在一般冷库是很难做到的，实际可行的办法是定期除去管壁的霜，即冲霜。基本方法是加热冷却管，使霜迅速融解。原则上说，冲霜周期要短，速度要快。周期短，不使霜结得太厚；速度快，不使霜变成冰壳更难消融，对库温波动的影响也较小。

为了保持稳定的库温，最好产品入库前先经预冷。未预冷的产品应分批入库，每天入库量为总容量的 1/50～1/10，否则一次带入过多的山间热，库温难以回降，波动也大。

(2) 湿度管理　相对湿度表示在某一定温度下空气中水蒸气的饱和程度。空气的温度愈高，则其吸收水蒸气的能力就愈强，新鲜山野菜在此情况下失重也就加快。为了保持山野菜鲜活的膨胀状态，冷藏库中要维持高的相对湿度。山野菜在冷藏中通常要保持相对湿度在 80%～90%或更高为宜。

在冷库中要维持高湿度比较困难。冲霜只解决温度问题，不能解决湿度问题。因融解的水排出库外，不会变成蒸汽回到空气中去，致使库内湿度常常低于贮藏山野菜所要求的湿度。解决这个问题，在于设计时要有较大的蒸发器面积，使蒸发器的温度和库温的温差缩小，从而减少结霜。假若用鼓风冷却系统，还要注意缩小鼓风机进出口的温差。当品温已经降到贮藏温度时，出口风温应低于进口风温 1～1.5℃，并采用微风速（相当于自然循环）。

在冷藏库中加湿的方法有多种，最简单的是在库间将水以雾状微粒喷到空气中，也有在空气调节柜中装上喷雾管，引进的空气通过喷水后再由风扇吹送到冷库中，这种雾状水粒会凝结到蒸发器管道上，增加冷凝负荷。直接在库内地面或产品上喷水，这也是一种简便方法。但是，余水积留在产品上，有利于微生物的活动。引入适量的蒸汽到冷藏库来增加湿度，或用热水在库内产生蒸汽都可以提高库内空气的湿度，但随蒸汽带入一部分热又增加冷凝机的热负荷。有一种所谓“纤丝室”的气-水逆向加湿器，用细塑料织物绕在防水架上做成纤丝室，用过冷水或冷溶液喷淋纤丝，空气借风机向上吹，这种逆向流动可提供良好的热交换并使空气为水饱和。还有一种方法即用塑料膜包装产品，防止山野菜失水效果很明显。

一些冷库出现相对湿度偏高，主要是外界热空气大量侵入库内所致。热空气中含有较多的水分，进入冷库后，在较低的温度下形成较高的相对湿度，甚至达到露点而出现发汗现象。因此，应注意库房的密闭性，避免货物过于频繁地出入库房而带入库外含有较高相对湿度的暖空气。如果库内相对湿度过高，可应用各种吸湿剂或除湿机。除湿机实质上就是一个制冷蒸发器，通过结霜融霜过程把水汽变成液态水排除掉。

（3）冷藏库的通风换气　冷藏库有良好的空气循环系统，以迅速地将产品的热量传递到冷却器，以使库内各处的空气温度均匀。因此，在没有通风的情况下，空气吸收各部位漏热和产品的呼吸热不同，致使冷藏库内的温度上、下层不一致。在产品刚入贮时，特别需要通风，由于刚入库的山野菜带有较多的田间热，必须迅速排除，产品即使已通过预冷，其温度也比冷藏的温度稍高。在冷库中堆码后，如果没有进行适当的通风，冷却是很难均匀进行的。

冷藏库内山野菜通过呼吸作用放出二氧化碳和其他刺激性气体如乙烯等。乙烯在库内积累到一定浓度后会促进山野菜成熟衰老，以及败坏。二氧化碳浓度过高，会导致生理失调和品质劣变，因此，必须进行通风换气。

冷库的通风换气是选择在气温较低的早晨或夜间进行的，雾天、雨天等外界湿度过大时则暂缓，以免由于通风换气而导致库内湿度、温度变化过于剧烈。在通风换气的同时，开动制冷机以减缓温、湿度的升高。冷库内产品的堆码排列对空气流通有很大影响。空气流动的一个基本原则是选择阻力最小的途径，即阻力小的地方就流通得快，通道宽空气流量大；反之，如有堆码阻挡造成死角，空气流通就困难，就会因热空气积留而使温度升高。为此，产品在冷藏库中的堆码排列与通风换气的安排必须一致，避免阻挡空气流通。库内通风的方法一般是把通风道安装在冷藏库的中部，产品堆码的上方，使气流向两壁方向吹出，然后转向下方堆码的产品再回到中部上升，如此循环流动。通常在冷藏库中安装有冷却柜，库内空气由下部进入此柜，上升通过冷凝蒸发管将空气冷却，再经上部鼓风机将其吹出，沿着天棚分散到产品堆码的地方。这种装置使库内空气温度保持稳定和均匀一致。

（4）山野菜的冷藏条件　由于低温能降低山野菜在贮藏期中的呼吸强度，延缓山野菜的衰老，延长山野菜的贮藏寿命，抑制病菌的繁殖、危害，对降低腐烂率和保持品质等均有利。低温贮藏对各种山野菜都是适合的，但各种山野菜要求的贮藏温度是不同的。如绝大多数的根、茎、叶菜等都适于在接近于它们冰点的低温下贮藏，而原产于热带、亚热带地区的山野菜，不论在山间或在贮藏中一般都不耐低温，在不适当的低温下时间一长就将发生冷害。低温冷害与时间和温度都有关系，温度下降到临界线以下时，有的在短时间内就可以引起冷害，但也有的产品可以忍耐比较长的时间。另外，即使同种类型山野菜，也因品种和成熟度的不同，冷害发生的时期和程度不同。此外，收获前在山间的温度、运输中的温度，以及贮藏中的低温等都能影响低温冷害的发生。

不同的山野菜或其他食品，有时不得不同时冷藏在一起，此时应注意，不同类型山野菜之间或与其他蔬菜之间互相串味；山野菜与不同种类的水果与蔬菜之间，由一种水果或蔬菜发生的乙烯，能促进其他果蔬的成熟、衰老或引起其他生理病害。

2. 山野菜速冻鲜藏

速冻鲜藏是将新鲜山野菜经过加工处理，利用低温使之快速冻结并贮藏在－18℃或以下，达到长期贮藏的目的。它比其他加工方法更能保持新鲜山野菜原有的色泽、风味和营养价值，是现代先进的加工方法。

（1）速冻山野菜生产的基本原理　采收后的新鲜山野菜，仍然是有生命的活体，在普通的冷藏温度下，体内各种酶类所催化的呼吸等代谢过程仍在缓慢地进行着。因此，随着贮藏时间的延长，不可避免地要逐步丧失新鲜风味，消耗营养成分，细胞组织老化，以致失去食用价值。而在冷冻的低温下（－18℃），不仅外界微生物的活动受到有效的控制，而且山野菜组织细胞冻结，原生质处于相对静止的脱水状态，各种酶类的活性也被抑制。因此，可以较显著地阻止色泽、风味和质地的变化，以及营养成分的损失。

① 冷却对微生物和酶的影响。各种微生物都有生长、繁殖的适宜温度范围，超过或低于这个范围，它们就会减弱，以至停止生长。当温度降到0℃时，大多数致病菌即停止繁殖活动，而酵母菌及霉比细菌耐低温的能力强，有些嗜冷细菌也能在低温下缓慢活动。它们的最低温度活动范围，嗜冷细菌－8～0℃，耐低温霉菌与酵母菌－12～－8℃。防止微生物繁殖的临界温度是－12℃，这个

温度还不足以有效地抑制酶的活性及各种生物化学反应，要达到这些要求，要低于－18℃。

冷冻产品的色泽、风味和营养等变化，很多有酶参与，造成褐变、变味、软化等现象。低温可显著降低酶促反应，但不能破坏酶的活性，在－18℃以下，酶仍会进行缓慢活动，而且有些酶在温度低至－73.30℃时仍有一定程度的活性。至解冻时酶的活性增强，加速食品变质，山野菜若不经钝化或抑制酶活性处理就直接冻结，贮藏几周后，其色泽、风味、质地均明显变劣。因此，在冻结前要考虑破坏或抑制酶的处理措施。

冷冻并不能完全杀死微生物，即使长久在低温下它们会逐渐死亡，往往还有生存下来的（尤其是污染严重的产品和微生物的孢子和芽胞等），幸存的微生物会受抑制，但解冻时在室温下会恢复活性，就会迅速造成败坏。因此，山野菜速冻加工要有良好的卫生条件。

② 冻结速度对产品质量的影响。一般食品内的养分被冻结达90％时，才能抑制微生物的活动和生物化学反应，这样才可以达到长期贮存的要求。

食品在冻结过程中会发生各种变化，如物理变化（体积、导热性、比热、干耗变化等）、化学变化（蛋白质变性、色变等）、细胞组织变化以及生物和微生物变化等。在冷冻过程中必须保证使食品所发生的上述变化达到最大可逆性。

冻结过程中生成冰晶的数量和大小，对于冻结过程的可逆性程度具有很大意义。结冰包括核晶的形成和晶体的增长两个过程。冻结速度影响冰晶形成的数量、大小及分布，从而影响冷冻食品所发生的上述变化达到最大可逆性。

冻结速度快，水分重新分布不显著，冰晶形成小而多，分布均匀，对细胞组织损失小，复原性好，最大限度保持山野菜原有品质。冻结速度慢，水分重新分布显著，冰晶形成大而少，分布不均匀，对细胞组织损伤大，解冻后汁液流失严重，失去山野菜原有品质。山野菜的组织结构脆弱，细胞壁较薄，含水量高，故应快速冻结，以形成细小的冰晶体，而且让水分在细胞内原位冻结，使冰晶体分布均匀，才能避免组织受到损伤。

冻结时山野菜中的水分转化成冰晶体的百分比称为结冰率。大多数冰晶体在－5～0℃形成，有80%水分结冰，称为最大冰晶生区。冻结速度，一般以时间来划分，食品中心在30min内通过最大冰晶生成区称为速冻，超过30min即谓慢冻。慢冻中冷冻的速度慢，在细胞间隙形成的冰晶大而少，因而对细胞的伤害就重，因此，决定冷冻食品品质的关键在于急速（30min内）通过“最大冰晶生成区”，并在细胞内外同时形成小而多冰晶，以减轻它们对细胞组织的损害和汁液外流的程度。

影响冻结产品质量高低的因素很多，冻结速度仅仅是其中一个，不能过高地单纯强调快速冻结。冻结时间与冻结设备、冻结温度及风速、物料种类、大小、堆放厚度、冻结初温等因素有关。

（2）山野菜速冻加工工艺流程

原料选择→ 采收运输→整理→预冷→烫漂→冷却→沥水→装盘→预冷→速冻→包装→冻藏→运销

① 原料选择。原料的质量是决定速冻山野菜质量的重要因素。因此，要注意选择适宜速冻加工的品种。山野菜的品种不同，对冷冻的承受能力也有差别。一般含水量和纤维多的品种，对冷冻的适应能力差，而含水分少、淀粉多的品种，对冷冻的适应能力强。

一般要求原料品种优良，成熟度适当、鲜嫩，规格整齐，无农药和微生物污染等。

② 采收运输。原料采收时要细致，避免机械损伤。采收后应立即运往加工地点，在运输中要避免剧烈颠簸，防日晒雨淋。

③ 原料整理。原料应当在当日采摘当日加工（图4-3）。必要时可用冷藏保鲜，但时间不宜长，以免鲜度减退或变质。为了避免增加微生物污染，应加速处理，并在各个环节多加注意。

原料应充分清洗干净，加工所用的冷却水要经过消毒（可用紫外灯），工作人员、工具、设备、场所的清洁卫生的标准要求高，加工车间要加以隔离。由于速冻山野菜属于方便食品，而在加工过程中并没有充分保证的灭菌措施。因此，微生物污染的检测指标要求很严格。

图 4-3 工人在对山野菜进行加工

原料要经过挑选，剔除病虫害、机械损伤、成熟度过高或过低的原料。有些品种需要去皮、去核、去筋等及适当切分。为防止原料在去皮或切分后变色，可用清水浸泡或浸泡 0.2%亚硫酸氢钠、10%食盐、0.5%柠檬酸等溶液。

有些山野菜在 2%～3%的盐水中浸泡 15～30min，以便将其内部的小虫驱出，浸泡后应再漂洗。盐水与原料的比例不低于 2∶1，浸泡时随时调整盐水浓度。浓度太低，幼虫不出来；浓度太高，虫会被腌死。

速冻后的山野菜的脆性不免会减弱，可以将原料浸入 0.5%～1%的碳酸钙（或氯化钙）溶液中浸泡 10～20min，以增加其硬度和脆性。

④ 烫漂。烫漂的主要目的就是利用高温使山野菜中的酶类失去活性，以防止冷冻、冻藏及解冻过程中由于酶的作用而引起的各种劣变。与冷冻山野菜品质有关的酶类，主要是过氧化物酶、过氧化氢酶、多酚氧化酶、抗坏血酸氧化酶以及某些水解酶类。当温度高达 82℃以上时，多数酶的活性便丧失。这是指酶能感受到的温度，而实际的烫漂温度需要更高一些，时间也稍长一些。但另一方面，在具体确定烫漂的温度和时间时，不能不考虑对山野菜品质的

影响。过度的热烫，必然会加速叶绿素的破坏和质地的软化，以至出现烫伤和脱皮现象。

烫漂通常用热水或热蒸汽。要求的温度范围为85～100℃（多为93～96℃）。为了减少水溶性维生素等营养物质的流失，常加入适量的食盐或有机酸等。热蒸汽烫漂因传热较慢，热烫时间应比热水烫漂延长15%～30%。热烫后应立即置水中漂洗迅速冷却，一般有水冷与真气冷却，可以用浸泡、喷淋、吹风等方式。最好能冷却至5～10℃，最高不应超过20℃。

经过烫漂和冷却的原料带有水分，需要沥干，可以用振动筛或离心机脱水，以免产品在冻结时成堆。

⑤ 预冷与速冻。经过前处理的原料，可预冷至0℃，这样有利于加快冻结。预冷的方法有空气冷却、冷水冷却、冰冷却、冰水混合冷却、真空冷却。应根据山野菜不同的种类和当地条件加以选用。预冷的终温一般以不使原料结冰为限（0℃以上），也要依原料种类、贮运期限而异。许多速冻装置设有预冷段的设施。或者在进入速冻前先在其他冷库预冷，等候陆续进入冻结。

冻结速度往往由于山野菜的品种不同、块形大小、堆料厚度、入冻时品温、冻结温度等因素而有差异。必须在工艺条件上及工序安排上考虑紧凑配合。

经过前处理的山野菜应尽快冻结，速冻温度在－35～－30℃，风速应保持在3～5m/s，这样才能保证冻结以最短的时间（30min）通过最大冰晶生成区，使冻品中心温度尽快达到－18～－5℃以下；才能使90%以上的水分在原来位置上结成细小冰晶，大多均匀分布在细胞内，从而获得具有新鲜品质，而且营养和色泽保存良好的产品，才能称之为“速冻山野菜”。

⑥ 包装。冻结后的产品经包装后入库冻藏，为了加快冻结速度，多数山野菜冻品生产采用先冻结后包装的方式。但有些产品如叶类为避免破碎可先包装，还有的是为了防止速冻山野菜在冻结过程中或冻藏中脱水干燥而引起皱缩现象，也采用先包装后冻结。包装前，应按次进行质量检查及微生物指标检测。为防止氧化、褐变和干耗，在包装前对于某些产品如蘑菇类应镀包冰衣，即将产品倒

入水温不得高于5℃镀冰槽内，入水后很快捞出，使产品外层镀包一层薄薄的冰衣。

冻结山野菜的包装有大、中、小各式，包装材料有纸、玻璃纸、聚乙烯薄膜（或硬塑）及铝箔等。包装材料的要求是耐低温的性能好，透湿性与透气性低，抗冲击性能力强，而且卫生、无毒，不与内容物起作用，这些要求主要为避免产品的干耗、氧化、污染而考虑。还可采用抽真空包装或抽气充氮包装。此外还应有外包装，大多用纸箱，各件重10～15kg。

包装的大小可按消费需求而定，半成品或厨房用料的产品，可用大包装。家庭用及方便食品要用小包装。在分装时，上应保证在低温下进行工作。工序要安排紧凑，同时要求在最短时间内完成，重新入库。一般冻品在－4～－2℃时，即会发生重结晶，所以应在－5℃以下环境包装。

⑦ 冻藏。速冻山野菜的品质变化主要发生在冻藏期间，速冻山野菜的长期贮存，要求贮温控制在－18℃以下，冻藏过程应保持稳定的温度。若在冻藏过程中库温上下波动，会导致再结晶使冰晶体增大，这些大的冰晶体对山野菜组织细胞的机械损伤更大，解冻后产品汁液流失增多，严重影响产品质量。同时，在冻藏期间容易发生冰的升华干燥作用，使产品失水皱缩，甚至出现“灼伤”现象。采用不透湿包装，使制品表面覆盖一层冰晶层，保持较高的库内相对湿度，都是防止失水、减少干耗的有效方法。并且，不应与其他有异味的食品混藏，最好采用专库贮存。

在冻藏过程中，山野菜制品的色泽、风味、质地的变化与维生素等营养物质的损失，是随冻藏温度的降低而减缓的。产品的冻藏期限也随冻藏温度的下降而延长。一般在－30～－18℃下，可以保藏15～24个月。

⑧ 运输销售。在运输时，要应用有制冷及保温装置的汽车、火车、船、集装箱专用设施，运输时间长的控制在－18℃以下，一般可用－18℃。销售时应有低温货架或货柜。整个商品供应程序采用“冷冻链”系统，使冻藏、运输、销售及家庭贮存始终处于－18℃以下，才能保证速冻山野菜的品质。

⑨ 速冻山野菜食用前的解冻，解冻是速冻山野菜在食用前或进一步加工前必经的步骤。对小包装的速冻山野菜，家庭中常常采用结合烹调和自然放置下融化两种典型的解冻方式。解冻过程对加工原料来说，它不仅直接关系到解冻原料的组织结构，而且对加工后产品的质量和风味等都有直接影响。

解冻是指冻结时食品中形成的冰结晶还原融化成水，所以可视为冻结的逆过程。一般解冻食品在－5～0℃停留的时间长，会使食品变色、产生异味，所以解冻时也希望能快速通过此温度带。解冻终温由解冻食品的用途所决定，用作加工原料的冻品，半解冻即至中心温度达到－5℃就可以了，以能用刀切割为准，此时汁液流失也少。一般解冻介质的温度不宜过高，以不超过 10～15℃为宜。通常低温缓慢解冻比高温快速解冻汁液流失少，但山野菜和调理冷冻食品快速解冻比缓慢解冻要好。

(3) 速冻山野菜产品质量控制

① 影响速冻山野菜产品质量的因素。速冻山野菜产品的质量是否良好，与加工过程的各个环节有直接关系，其主要影响因素有原料的性质、速冻前的加工处理工艺、速冻过程中影响品质的各种因素及速冻后冻藏、运输、销售及家庭贮存等环节的影响等。

a. 原料的品质。一般原料初始品质越好，新鲜度越高，其冻结加工后的品质也就越好。采摘期、采摘方式、虫害、农药以及成熟度等是影响初始品质的主要因素。收获时间的过早或过晚、虫害和农药污染严重、采摘时造成机械损伤等都不利于其冻结加工品质。

b. 加工处理。山野菜速冻加工处理包括原料的挑选和整理、清洗、切分、烫漂、冷却、冻结等环节。对每一个环节必须认真操作，任何操作不当都会影响冻结质量。例如，挑选、整理原料时，不能食用的部分是否剔除，大小是否均匀；清洗是否符合卫生标准；切分是否整齐，烫漂时间、温度是否达到要求；冷却温度的高低及冻结前需要包装的食品其包装是否严密等。

酶活性对于山野菜食品冻结及冻藏质量的影响尤为重要。不经过漂烫直接进行冷冻不可能完全使其失活。为了使酶失活，对具体山野菜品种应控制其相应的漂烫时间及温度。但个别品种因工艺要求也可以不经漂烫而直接冻结。

对供出口的速冻山野菜，由于国外消费者对头发、小金属片、小虫之类的杂质非常敏感，因此外商对速冻产品的杂质含量要求很严。预处理是操作人员与原料接触最频繁的环节，因此，要求操作人员进入车间之前要戴帽（罩住所有头发），穿好工作服，洗手消毒，并通过风淋，吹去附在身上的毛发。产品中混进的小金属片可通过专用的金属探测仪检出。车间可采用电子杀虫器驱虫。

冻结速度是影响速冻山野菜品质的关键因素，冻结速度越快，产品质量越好。在生产中提高冻结速度的工艺措施有，冻前尽量降低初温和沥干水分；尽量降低冻结温度和提高风速；尽可能切分和减少堆放厚度；采用单体冻结（IQF）。

c. 包装。包装材料的选择，最重要的水蒸气和气体的透过性要尽量低；其次是在低温时，物理的耐冲击性要强。水蒸气的透过性是由于冻结，山野菜的水分逸散到空气中而产生干耗；气体透过性是由于空气的接触而进行的氧化。在低温时，包装材料变脆，易受物理的耐冲击而破损，失去包装的效果。另外，包装袋内部的空隙越大，山野菜的干耗就越高，氧化就越严重。所以最好能采用真空包装，使包装材料紧贴产品。如果是冻结前包装，则应留适量空隙，以防山野菜冻结后体积膨胀而胀破包装袋。

d. 冻藏的温度和时间。速冻山野菜的早期质量是优良的，但经过各个环节到消费者手中，最终品质会有差异。在冻藏中，品质会发生变化，其变化的大小主要取决于冻藏的温度和时间，冻藏温度越低，质量变化越少；在相同温度下，冻藏期越长，变化越大，质量越差。

经过大量试验及生产的总结，速冻山野菜商品从生产、贮存而至流通，其质量的优劣，主要是由“早期质量”与“最终质量”来决定。

早期质量得出一个称为“P. P. P”的概念，即原料（product）、加工处理（processing）和包装（package），就是说早期质量是由原料优劣与鲜度、冻结前的预处理、速冻条件和包装等因素所决定。

最终质量则称之为“T. T. T”，即温度（temperature）、时间（time）、容许限度（tolerance），就是说速冻山野菜产品早期质量虽然良好，但还要经过各个流通环节才能到消费者手中，最终质量还要取决于贮运温度与冻藏期的长短。

从以上两个概念中可以看到在速冻与冻藏中，任何一个环节出现问题，都不会得到高质量的产品。因此，用优质的原料、科学的加工处理和贮藏、良好的包装材料，才能获得优质的速冻山野菜产品。

② 速冻山野菜产品的冻藏卫生管理。为了使速冻山野菜产品在较长时间的贮存中不致变质或腐败，随时满足市场的需要，必须对保藏的速冻山野菜产品进行严格的卫生管理，而且可杜绝劣质速冻产品，保护广大消费者的健康。

a. 冻藏库的卫生管理。

(a) 卫生管理。冻藏库是速冻食品长期存放的地方，因而对库房的严格卫生管理可有效地减少微生物污染食品的机会，以保证速冻食品出库后的货架期质量，延长保藏期限。

微生物污染食品的途径是多种多样的，通过使用的工具、出入的工作人员和流动的空气等，都能将微生物传播到食品上去。因此，必须从多方面着手来加强冻藏库的日常卫生管理。

空气本身虽然不是微生物发育的适宜环境，但由于空气不断地流动，常能带动和散布大量的尘埃和微生物孢子。因此，在冻藏库内通风道的木板表面上，排管上的霜被中和库房的死角处，都会污染大量的微生物，必须进行定期除霜和消毒。由于空气通过冷却器时，60%～80%的空气尘埃和微生物孢子可能附着在干式空气冷却器的霜面上或湿式空气冷却器的盐水中。因此，有必要对空气冷却器进行定期的清扫和消毒。

冻藏库通风时所吸入的空气也应先过滤。通用的过滤器由陶器圈构成，这种过滤器能除去空气中80%～90%的微生物，但过滤器本身也需定期清洗。

运货用的手推车以及其他载货设备也会成为微生物污染食品的媒介。因为这些设备经常装载和接触速冻食品进入库房，在其表面往往留存着有机物质而成为微生物的良好培养基，如不注意卫生工作，就为速冻食品的微生物污染创造了条件。因此，冻藏库的工具和设备必须随时随地保持清洁卫生，一切加工用的设备如铁盘、挂钩、工作台等，在使用前、后应用清水冲洗干净，必要时还应用热碱水消毒。冷藏库内的走道和楼梯要经常清扫，下水道应定期清理并以漂白粉溶液消毒。

由于冻藏食品不论是否有包装，都需堆放在垫木上。因此，每次出货后，应将垫木擦净或用水冲洗或用热碱水冲洗，并经常保持清洁。

（b）排除库房异味与灭鼠。库房中的异味一般是由于贮藏了具有强烈气味的食品所致。此外，食品腐败变质时所产生的硫化氢和氨也能使库房感染异臭气味。各种食品都具有各自独特的气味，如将某种食品贮藏在具有某种特殊气味的库房里，这种特殊的气味就会转入食品内，从而改变了食品原有的风味。因此，清除房中的异味是一个非常重要的工作。

臭氧具有良好的清除异味的性能，利用臭氧消毒和除异味，不仅适用于空的库房，对于装满食品的库房也很适宜。臭氧处理的效能取决于参与氧化反应的臭氧的浓度。臭氧的浓度愈快，氧化反应的速度也就愈大。但是，由于臭氧是一种强氧化剂，所以当浓度很高时，就有引起火灾的危险，在使用时必须注意安全。如果库内存有含脂肪较多的食品时，则不应采用臭氧处理，以免油脂因受氧化而变质。

消灭老鼠对冻藏库卫生具有重要意义。老鼠会破坏冻藏库隔热结构，并有可能沾污速冻食品，传播传染病。因此，须设法使周围地区成为无鼠区。在接收物品时，应仔细检查，特别是对有包装的食品，以免将鼠类带入库区。

目前冻藏库周围灭鼠主要采用机械捕鼠及化学药物灭鼠两种。一般用机械捕鼠器来捕捉老鼠效果不理想，而使用化学药物食饵来毒死老鼠效果尚可。由于所用药都是有毒的，故使用时应特别小心。

b. 速冻食品冻藏过程中的卫生管理。已经入库的速冻食品，应按照其种类、冻藏时间和温度分别存放。如果冻藏间少而需要贮存的速冻食品种类很多，不可能单独存放，或冻藏间容量大而某种速冻食品数量少，单独存放不经济时，也可考虑将不同混合存放。混合存放时应以不互相串味为原则，并应分别堆码。具有强烈气味的速冻食品如鱼类、葱、蒜、乳酪等，则严格禁止混放在一个冻藏间内。一般来说，动物类速冻食品与植物类速冻食品不可混合存放。同类食品可以混合存放，不同类食品则不能混合贮藏。

冻藏食品堆放在清洁的垫木上，禁止直接放在地面上。货堆上应覆盖塑料膜或篷布，以免灰尘、霜雪落入而沾污食品。货堆与货堆之间应保留有0.2m的间隙，以便于空气流通。如不同种类的货堆，其间隙应不小于0.7m。食品在堆码时，不能直接靠在墙壁或排管上，以免损坏设备和食品冻坏或过度干缩。货堆与墙壁和排管应保持相应的距离，距设有墙排管的墙壁0.3m；距设有顶排管的平顶0.2m；距墙排管或顶排管0.4m；距风道口0.3m。

速冻食品在冻藏过程中应该经常进行质量检查并定期对食品、冻藏间的空气及设备进行测定和分析（指对微生物污染情况）。如发现某些速冻食品有腐败变质和有异味感染等情况时，应及时采取措施分别加以处理，以免感染其他食品造成更大的损失。

库内的速冻食品全部取出后，应对库房进行通风换气，将库内的混浊空气抽出，并从外部换入新鲜的空气。通风换气是利用通风机实现的。在从外部吸入空气时，应预先经过过滤。

c. 速冻食品的微生物及其控制。速冻食品不像罐头食品那样经过高温杀菌处理并贮存在无菌的状态下，故微生物对于速冻食品的品质有很大的影响。目前世界各国对于冻结食品中微生物的控制都非常严格。

(a) 设备方面，对速冻食品的操作过程，首先要注意卫生，但在某些程序上，某些环节上往往不易保持清洁，比如山野菜去皮环节，故在建厂时必须考虑，第一，通风设备良好，避免污秽空气流入；第二，排水设备良好，应经常洗刷污秽场地；第三，要经常保持切割机、输送带和冻结室等的清洁。

(b) 工作人员方面，工作人员的健康情况、个人卫生习惯以及卫生方面的认识，都直接关系到食品卫生制度的贯彻，应特别注意管理。

(c) 原料方面。原料含菌数多少对成品的含菌数有很大的影响，一般原料可能被污染的途径有：第一，工作人员带病原菌接触原料而造成的污染；第二，不卫生的操作工具和设备污染原料；第三，空气中微生物的污染；第四，其他如含菌数高的原料的污染。因此，管理中除了保持操作设备及工作人员清洁外，还必须注意不要使原料在室温下暴露过久，不用的原料须登记好日期，进行冷藏贮存。

d. 加工过程方面。加工过程中不卫生是微生物污染的主要来源，而成品含菌数的多少完全可以反映工厂卫生条件的好坏。这里尤其应注意控制速冻食品加工过程中的温度。

e. 速冻食品的微生物检查。微生物检查的目的是为了确保食品卫生与质量的优良。

总菌数的检查：方法包括显微镜法、薄膜过滤法、稀释平板法等。总菌数的检查只能表示食品在冷加工过程中的卫生状况、原料鲜度、温度控制和操作人员卫生等，但不能完全保证产品安全性。一般多用直接检查法来检查微生物的情况，以表明冷加工品上细菌活动的实际状态。

大肠杆菌群可以由土壤和粪便污染，一般作为饮用水的卫生指标。常温下这种细菌在食品中可以繁殖，但在冻藏过程中很快消失，又因其检查手续繁琐，故大肠杆菌的定量检查在冷冻食品卫生管理上没有太大的意义，而定性试验则是必要的。

葡萄球菌、蜡状杆菌、沙门菌均会引起食物中毒，必须加以控制。

f. 速冻食品微生物的控制标准。一般来说，微生物在食品中的分布很不均衡，把速冻食品中的微生物控制在一定的范围内非常重要。速冻食品所含的微生物，随原料的种类、制造方法的不同而有很大的差别。通常销售的速冻食品含 103～105 个/g 的微生物。

(三) 盐渍保鲜贮藏

山野菜的盐渍加工贮藏属山野菜加工品贮藏，由于其自身对外界环境和微生物的适应性和抵抗性不同，所以山野菜的盐渍保鲜贮藏不同于新鲜山野菜的保鲜贮藏。山野菜加工品如不注意保藏，则比新鲜山野菜更易败坏。新鲜山野菜水分多，营养丰富，组织柔嫩，属于易腐食品。但是，新鲜山野菜在其采后仍是有生命的，其具有天然的耐贮性和抗病性，对山野菜本身有一定的保护作用。新鲜山野菜一经加工工艺处理之后（如盐渍），即丧失了生活的机能，失去了天然的保护作用。山野菜加工品营养丰富，含有较多的可溶性固性物和很少的酸分，因而很容易遭受微生物（细菌、酵母菌和霉菌）的侵染而引起败坏和腐烂。

1. 盐渍保鲜原理

盐渍保鲜自古以来就是保鲜贮藏新鲜蔬菜的一种手段。是我国最普遍、最大众化的生鲜蔬菜的加工方法，也是提高蔬菜制品风味的一种方法。蔬菜及山野菜的盐渍原理是比较复杂的，包括一系列复杂的物理、化学和生物化学变化。归纳起来主要有两个方面：一方面是盐渍过程中，自始至终都存在着食盐的渗透作用，都有很明显的渗透现象发生；另一方面是盐渍过程中有大量的微生物生长、繁殖、衰灭，即是微生物的发酵作用贯穿于盐渍过程的始终。再者就是香辛料的作用使有害微生物活动受到抑制，同时也给盐渍制品增加了色、香、味。这几方面的共同作用，抑制了腐败微生物的生命活动，从而使蔬菜制品得以长期保存。

2. 渍菜的保质与低盐化

我国大部分盐渍菜中的食盐含量都较高，盐渍菜的用盐量一般为15%～20%。高含盐量当然有利于盐渍菜的保存，但人们若每天摄入的食盐过量对人体健康是有害的。随着我国改革的深入，我国广大居民生活水平不断提高，对食品质量要求也愈来愈高，低盐化的盐渍菜更利于人们的健康，所以低盐、低糖已成为盐渍菜发展的方向。盐渍菜的食盐含量在什么范围才称为低盐呢？笔者认为盐渍菜的用途不同其低盐量含义、范围也各不相同。若盐渍菜是用来长期保存之用，调节蔬菜的淡、旺季，此时一般用盐量及制品含盐量在20%以上，那么10%的食盐含量相对来说也可称为低盐化了。

若盐渍菜是直接供人们食用的，这里的10%的食盐相对是高盐分了，因为人们的最适盐味是2%～5%的食盐含量。所以盐渍菜的低盐化是高盐分（10%以上）到低盐分（5%以下）的过渡过程。故一般而言，盐渍菜食盐含量在5%以下可称为低盐化的制品。如此低的盐分，给盐渍菜的保鲜贮藏带来了困难，既要低盐又要保鲜，这不能不说是一对矛盾。盐渍菜的保鲜和低盐化有何关系呢？一般说，盐渍菜盐分含量越高，越有利于山野菜贮藏，越有利于保持其制品的香气和滋味，即有利于保质保鲜。相反，盐渍菜盐分含量越低，就越不利于保质。当然，这仅是侧重于盐渍菜保质保藏和低盐化关系而言的，也有不符合此关系的，如盐分愈高，对山野菜细胞组织损伤多，且不利于乳酸发酵，所以对保质反而不利。所以这里就有一个食盐含量所对应的盐渍菜保质期是多少的最佳对应关系问题。经过试验研究，这种盐渍菜的保质和食盐低盐化关系见表4-1。

表4-1 盐渍菜的保质和食盐低盐化关系

盐渍菜保质期/天	食盐含量/%	备　注
2～3	2～4	泡菜
30	5～6	泡菜
60	7～8	一般保藏
90	9～10	一般保藏
180	12～15	长期保藏
180以上	15以上	长期保藏

3. 低盐化盐渍菜的保鲜原理

在盐渍菜贮藏过程中如何保证其风味不变，品质不变，这是盐渍菜生产过程中的一个重大任务。这一重任由各种保鲜保质技术来承担和完成，所谓保鲜即是保持加工山野菜在一定时期内的色、香、味及营养成分不变或基本不变，以使其制品在到达消费者手中时是不变质、不败坏，品质与生产时相一致的产品，所以这里所说的保鲜更侧重于盐渍菜的保质保藏，低盐化盐渍菜的保鲜应比低盐化盐渍菜的保藏更合适一些。盐渍菜腐败变质的主要原因是由有害微生物（如好气性和耐盐性腐败菌）的生长繁殖所引起，盐渍菜的保鲜贮藏应从如何防止这些腐败菌入手。这里就生产实际中常用的低盐化盐渍菜保鲜原理作一系统的说明，他们包括利用渗透压、有机酸、防腐剂、加热灭菌和低温处理等方式。这些原理所对应的方式方法不是相互独立的，而是相互联系的，最好是综合起来考虑，以使制品保鲜效果更佳。加工后的山野菜产品如图 4-4 和图 4-5 所示。

图 4-4　加工后的山野菜产品（一）

图 4-5　加工后的山野菜产品（二）

参 考 文 献

[1] 徐坤，卢育华．50种稀特野蔬菜高效栽培技术［M］．北京：中国农业出版社，2002.

[2] 宁伟，张树林，张春明等．我国野菜资源的利用开发及其可持续发展［J］．沈阳农业大学学报：社会科学版，2000，2（1）：48-50.

[3] 葛晓光，宁伟，范文丽．我国野菜产业的现状与发展［J］．温室园艺，2005，（7）：14-16.

[4] 赵恒田，王新华，沈云霞等．我国野菜资源人工开发利用及可持续发展［J］．农业系统科学与综合研究，2004，20（4）：300-302.

[5] 谢永刚．山野菜高产优质栽培［M］．沈阳：辽宁科学技术出版社，2010.

[6] 王希德，赫勇，康德平．野生蔬菜大叶芹日光温室高产栽培技术［J］．辽宁农业科学，2009，（3）：75-76.

[7] 杨辽生，刘乐园．保健野菜鸭儿芹大棚周年高产栽培技术［J］，北方园艺，2010，（3）：59-60.

[8] 刘合民，郑红霞．野生荠菜及其人工栽培技术［J］．北方园艺，2006，（5）：93.

[9] 于淑玲．日光温室无公害苋菜栽培技术［J］．现代农业科技．2010，（2）：142.

[10] 陈晶．轮叶党参高产栽培技术［J］．人参研究，2005，（4）：28.

[11] 彭金环，于元杰．轮叶党参研究进展［J］．特产研究，2009，（1）：70-73.

[12] 张利英，李贺年，谢晓美等．日光温室叶用紫苏优质高产栽培技术［J］．北方园艺，2010，（11）：70-71.

[13] 高殿义，王研超，张梁．东风菜无公害反季栽培试验初探［J］．辽宁林业科技，2010，（6）：37-38.

[14] 吴力民，王永祥，潘永杰．短梗五加的人工栽培技术［J］．防护林科技，2007，（5）：149-150.

[15] 丁新天，朱静坚，丁丽玲．大棚黄花菜生长特点及优质高效栽培技术研究［J］．中国农学通报，2004，（2）：83-85.

[16] 李恩彪，麻亚芹，生国辉．蕨菜日光温室优质栽培技术．北方园艺，2008，（7）：111-113.

[17] 李云香，周婷姗，姚丽．马齿苋的栽培及病虫害防治［J］．经济作物，2004，（7）：28-29.

[18] 杨春玲，孙克威，王永华等．马齿苋营养价值及其设施栽培技术［J］，辽宁农业职业技术学院学报，2007，（3）：21-22.

[19] 孟淑娥，王宏宇，蒋桂春．龙芽楤木日光温室水培技术．农业工程技术（温室园艺），2007，06：50-51.

[20] 刘玉良．柳蒿的棚室栽培技术．内蒙古草业，2000，01：62-63.

[21] 李盛旻，闫向东．柳蒿小拱棚早熟栽培．北方园艺，2008，09：81-82.

[22] 吕桂菊．北方温室蒲公英的栽培及主要病害防治技术．中国林副特产，2007，05：59-60.
[23] 刘玲，李晓东，刘强．刺五加大棚栽培的经济效益分析及栽培技术．人参研究，2013，4：52-53.
[24] 李延波，殷展波，秦海音．刺五加塑料大棚反季节生产技术．中国园艺文摘，2010，3：125.
[25] 陈源，韩春梅．薄荷主要病虫害及其防治技术．四川农业科技，2011，5：43.

欢迎订阅农业类图书

书号	书　　名	定价/元
25409	黑粮食高产高效栽培与病虫害防治	39.0
18188	作物栽培技术丛书——优质抗病烤烟栽培技术	19.8
17494	作物栽培技术丛书——水稻良种选择与丰产栽培技术	19.8
17426	作物栽培技术丛书——玉米良种选择与丰产栽培技术	23.0
16787	作物栽培技术丛书——种桑养蚕高效生产及病虫害防治技术	23.0
16973	A级绿色食品——花生标准化生产田间操作手册	21.0
18413	水产养殖看图治病丛书——黄鳝泥鳅疾病看图防治	29.0
18391	水产养殖看图治病丛书——常见虾蟹疾病看图防治	35.0
18389	水产养殖看图治病丛书——观赏鱼疾病看图防治	35.0
18240	水产养殖看图治病丛书——常见淡水鱼疾病看图防治	35.0
18211	苗木栽培技术丛书——樱花栽培管理与病虫害防治	15.0
18194	苗木栽培技术丛书——杨树丰产栽培与病虫害防治	18.0
15650	苗木栽培技术丛书——银杏丰产栽培与病虫害防治	18.0
15651	苗木栽培技术丛书——树莓蓝莓丰产栽培与病虫害防治	18.0
18095	现代蔬菜病虫害防治丛书——茄果类蔬菜病虫害诊治原色图鉴	59.0
17973	现代蔬菜病虫害防治丛书——西瓜甜瓜病虫害诊治原色图鉴	39.0
17964	现代蔬菜病虫害防治丛书——瓜类蔬菜病虫害诊治原色图鉴	59.0
17951	现代蔬菜病虫害防治丛书——菜用玉米菜用花生病虫害及菜田杂草诊治图鉴	39.0
17912	现代蔬菜病虫害防治丛书——葱姜蒜薯芋类蔬菜病虫害诊治原色图鉴	39.0
17896	现代蔬菜病虫害防治丛书——多年生蔬菜、水生蔬菜病虫害诊治原色图鉴	39.8
17789	现代蔬菜病虫害防治丛书——绿叶类蔬菜病虫害诊治原色图鉴	39.9
17691	现代蔬菜病虫害防治丛书——十字花科蔬菜和根菜类蔬菜病虫害诊治原色图鉴	39.9

续表

书号	书　　名	定价/元
17445	现代蔬菜病虫害防治丛书——豆类蔬菜病虫害诊治原色图鉴	39.0
17525	饲药用动植物丛书——天麻标准化生产与加工利用一学就会	23.0
16916	中国现代果树病虫原色图鉴(全彩大全版)	298.0
17326	亲近大自然系列——常见野生蘑菇识别手册	39.8
15540	亲近大自然系列——常见食药用昆虫	24.8
16833	设施园艺实用技术丛书——设施蔬菜生产技术	39.0
16132	设施园艺实用技术丛书——园艺设施建造技术	29.0
16157	设施园艺实用技术丛书——设施育苗技术	39.0
16127	设施园艺实用技术丛书——设施果树生产技术	29.0
09334	水果栽培技术丛书——枣树无公害丰产栽培技术	16.8
14203	水果栽培技术丛书——苹果优质丰产栽培技术	18.0
09937	水果栽培技术丛书——梨无公害高产栽培技术	18.0
10011	水果栽培技术丛书——草莓无公害高产栽培技术	16.8
10902	水果栽培技术丛书——杏李无公害高产栽培技术	16.8
12279	杏李优质高效栽培掌中宝	18.0
21424	果树病虫害防治丛书——大枣柿树病虫害防治原色图鉴	32.0
21369	果树病虫害防治丛书——石榴病虫害防治及果树农药使用简表	29.0
21637	果树病虫害防治丛书——苹果病虫害防治原色图鉴	59.0
21421	果树病虫害防治丛书——樱桃山楂番木瓜病虫害防治原色图鉴	32.0
21407	果树病虫害防治丛书——猕猴桃枸杞无花果病虫害防治原色图鉴	29.0
21636	果树病虫害防治丛书——桃李杏梅病虫害防治原色图鉴	49.0
21423	果树病虫害防治丛书——柑橘橙油病虫害防治原色图鉴	49.0
21439	果树病虫害防治丛书——板栗核桃病虫害防治原色图鉴	32.0
21438	果树病虫害防治丛书——草莓蓝莓树莓黑莓病虫害防治原色图鉴	29.0

续表

书号	书　名	定价/元
21440	果树病虫害防治丛书——葡萄病虫害防治原色图鉴	32.0
22145	棚室蔬菜栽培图解丛书——图说棚室辣(甜)椒栽培关键技术	20.0
22141	棚室蔬菜栽培图解丛书——图说棚室茄子、番茄栽培关键技术	23.0
22139	棚室蔬菜栽培图解丛书——图说棚室黄瓜栽培关键技术	28.0
23584	棚室蔬菜栽培图解丛书——图说棚室南瓜西葫芦栽培关键技术	28.0
24092	棚室蔬菜栽培图解丛书——图说棚室萝卜马钩薯栽培关键技术	
23078	棚室蔬菜栽培图解丛书——棚室蔬菜栽培技术大全	69.0